电梯安全与管理

主　编　柴娜娜

副主编　张翠翠　张弘宇　孙世平　郝建斌

吉林科学技术出版社

图书在版编目（CIP）数据

电梯安全与管理 / 柴娜娜主编. -- 长春：吉林科学技术出版社, 2023.6
ISBN 978-7-5744-0619-3

Ⅰ．①电… Ⅱ．①柴… Ⅲ．①电梯－安全管理 Ⅳ.①TU857

中国国家版本馆 CIP 数据核字(2023)第 130208 号

电梯安全与管理

主 编	柴娜娜	
出 版 人	宛 霞	
责任编辑	赵海娇	
封面设计	江 江	
制 版	北京星月纬图文化传播有限责任公司	
幅面尺寸	185mm×260mm	
开 本	16	
字 数	206 千字	
印 张	11.25	
印 数	1–1500 册	
版 次	2023年6月第1版	
印 次	2024年2月第1次印刷	

出 版 吉林科学技术出版社
发 行 吉林科学技术出版社
地 址 长春市福祉大路5788号
邮 编 130118
发行部电话/传真 0431-81629529 81629530 81629531
81629532 81629533 81629534
储运部电话 0431-86059116
编辑部电话 0431-81629518
印 刷 三河市嵩川印刷有限公司

书 号 ISBN 978-7-5744-0619-3
定 价 96.00元

前　　言

随着我国经济持续的高速发展、城镇化建设的加速，电梯市场的需求迅速增长，电梯的使用越来越广泛。目前，我国电梯的产量、销量均居世界首位，我国已成为全球最大的电梯生产和消费市场。伴随着电梯行业的发展，电梯的安装、维修与保养人才也相继出现空缺，电梯安装与维修保养专业应运而生，助力培养操作符合安全技术规范的人才。

壮大技术工人队伍，培养更多高素质技术技能人才、能工巧匠、大国工匠，既是当前之需，也是长远之计。电梯是机电合一的大型综合工业产品，无论是在安装、维修、保养，还是使用方面都要注重安全。本教材从电梯的生产、安装、使用、维修、保养等方面进行安全介绍，并纳入电梯安全管理和有关的法律法规标准体系知识，以达到系统学习的目的。

本教材按照当前职业教育教学改革和职业活动过程来设计教学过程，努力体现教学内容的先进性，突出专业领域新知识，便于学生更直观、更系统地掌握知识。同时，配备了图片及说明，并设置了相应的练习题来进行测试，便于了解学生的知识掌握情况。

由于时间仓促，加之作者水平有限，书中难免存在不足，恳请广大读者提出宝贵的意见和建议，以便修订时补充更正。

目　录

模块 1　电梯安全管理模块

学习任务 1.1　电梯日常管理

学习目标

1）了解电梯日常管理制度和措施。

2）明确电梯机房管理规定，并掌握电梯出现各种情况的处理方法。

3）具有踏实严谨的学习态度，养成爱岗敬业与团队合作的基本素养。

案例导入

【案例 1】

某机械厂金工车间主任准备从 3 楼到 1 楼，去找车间检验员检验一批零件，按了几次召唤按钮，电梯显示装置的灯都不亮，只听到井道内有电梯运行的响声。原来，电梯正在检修，因此电梯驾驶员（无操作证）没有将指层灯开关打开，后来多次听到 3 楼呼叫，就把电梯开往 3 楼。当电梯从上往下运行将到达 3 楼时，驾驶员停下电梯，拉开层门 50cm 左右准备相告不能载客，想不到该主任见 3 楼层门徐徐打开就立即跨了进去，结果从轿厢底部坠落底坑，当场死亡。

案例 1

【案例 2】

某街道某厂有一台按钮选层自动门电梯，层门机械锁经常与轿厢门上的开门刀碰擦，又不能彻底修复，经常带病运行。某天电梯驾驶员脱岗，3 名工人擅自将电梯从 3 楼开往 1 楼。经过 2 楼时，电梯突然发生故障，停止运行。轿门打不开，呼叫又无人听到，因而 3 名工人当中有 1 人从安全窗爬出去。为了站立方便，该

案例 2

工人又将安全窗盖好。他一只脚踏在轿顶上，另一只脚踏在 2 楼层门边进行检查修理。突然电梯上升，将其轧在轿厢与 2 楼层门之间，此工人当场死亡。

思考：以上案例中电梯的管理有什么问题？

知识准备

1.1.1 电梯日常管理制度

电梯安全管理制度是由各地区或单位，依据本地区、本单位的具体情况加以制定的。由于各单位电梯制造厂家、规格、型号，以及使用情况的不同，制度的具体内容也不同。现按照国家有关的法律、标准和规范，拟定出电梯安全管理制度，供有关单位参考。

1）电梯日常检查制度。

2）电梯维修保养制度。

3）电梯日常检查和维护安全操作规程。

4）电梯作业人员守则。

5）电梯驾驶人员安全操作规程。

6）电梯安全管理和作业人员职责。

7）电梯作业人员及相关运营服务人员的培训考核制度。

8）电梯定期报检制度。

9）意外事件和事故的紧急救援预案与应急救援演习制度。

10）电梯安全技术档案管理制度。

1.1.2 电梯日常管理措施

1. 日常工作时电梯的管理措施

1）巡视时要检查电梯轿门和每层层门地坎有无异物。

2）每天上班时用清洁软质棉布（最好是 VCD 擦拭头）轻拭光幕。

3）发现有人连续按电梯呼梯按钮时，要告知其正确的使用方法：只要按钮灯亮，就表示指令已经输入，不需要重复按；如果要下行，只需按下行的按钮即可，如果上、下行按钮都按，反而会影响电梯使用效率。

正确使用
呼梯按钮

4）当有较多乘客乘电梯时，要上前帮助按住梯门安全挡板或挡住光幕，也可按住上行（或下行）按钮，待所有乘客完全进入电梯后，自己方才进入。

5）提醒乘客乘坐电梯时，不要靠近轿门。

6）当有小孩乘坐电梯时，要特别注意，避免引起意外事故；如发现有小孩在电梯旁玩耍，应立即劝阻并让其立即离开。

2. 发现故障时电梯的管理措施

1）发现电梯在开关门或上下运行当中有异常声音、气味时，要立即停止使用或就近停靠后停用，并通知维修人员。

2）如果发现电梯不能正常运行，要立即停用（停用方法：打开操纵箱，按下停止开关）。

3）在电梯层门口布置人员，如果乘客携带重物，要协助搬运。

4）在每次停止使用前，都要检查里边是否有乘客。

3. 保养或维修情况下电梯的管理措施

1）在电梯层门口设置告示牌。

2）在电梯层门口布置人员，如果乘客携带重物，要协助搬运。

1.1.3　电梯应急管理

1. 突然停电时电梯的处理方法

1）迅速检查电梯内是否有人。

2）如果发现困人，迅速启动电梯困人应急救援程序。

3）在完成检查或救人后，要在电梯层门口设置告示牌。

4）在电梯层门口布置人员，如果乘客携带重物，要协助搬运。

2. 电梯突然停止运行时的处理方法

1）通知电梯维修人员。

2）迅速检查电梯中是否困人。

3）如果发现困人，迅速启动电梯困人应急救援程序。

4）在完成检查或救人后，要在电梯层门口布置人员，如果乘客携带重物，要协助搬运。

3. 电梯井道进水的处理方法（分为两种情况）

1）电梯已经进水，且停在某层不动：

电梯井道进水
的处理方法

①迅速检查电梯是否困人，同时通知维修人员。

②如果困人，迅速启动电梯困人应急救援程序。

③到机房关闭电源。

④将电梯通过手动的方式盘到比进水层高的地方。

⑤防止水继续进入电梯，并清扫层门口的积水。

⑥在电梯层门口设置告示牌，等待修理。

⑦在电梯层门口布置人员，如果乘客携带重物，要协助搬运。

2）电梯刚进水，还在运行：

①迅速将电梯开至电梯使用最高层楼，并关掉急停开关。

②到机房切断电源，通知维修人员。

③防止水继续进入电梯，并切断水源。

④在电梯层门口设置告示牌，等待维修人员检查或修理。

⑤在电梯层门口布置人员，如果乘客携带重物，要协助搬运。

4. 台风季节、暴雨季节电梯的管理

1）检查楼梯口所有的窗户是否完好、关闭。

2）将多余的电梯开到顶层，停止使用，并关闭电源。

3）检查机房门窗及顶层是否渗水，如果渗水，要迅速通知管理处。

4）如果只有一台电梯，要加强巡逻次数；如果发现有某处渗水，会影响电梯的正常使用，也要将此电梯停止使用，并关闭电源。

5. 火灾情况下的电梯管理

1）按下 1 楼电梯层门口的消防按钮，电梯会自动停到 1 楼，打开门并停止使用。

2）如果发现电梯消防按钮失灵，用钥匙将 1 楼的电梯电源锁从 ON 位置转到 OFF 位置，电梯也会自动停到 1 楼，然后打开操纵箱盖，按下"停止"的按钮。

3）告诫用户在火灾发生时不要使用电梯。

1.1.4　电梯机房管理

1）电梯机房应保持清洁、干燥，设有效果良好的通风或降温设备。

2）机房温度应控制在–5～45℃（建议最好控制在 30℃左右），且保持空气流通，以使机房内温度均匀。

3）机房门或至机房的通道应单独设置，且设有效果的锁具，并加贴"机房重地，闲人莫入"字样。

4）机房内要设置相应的电气类灭火器材。

5）应急工具齐全有效且摆放整齐，各类标识清楚、齐全、真实。

6）机房管理作为电梯日常管理的重要组成部分，应由专人负责落实。

知识梳理

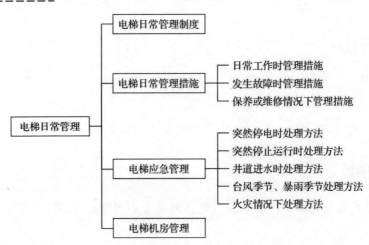

自我检测

一、填空题

1. 机房温度应控制在_____之间（建议最好控制在30℃左右），且保持空气流通，以使机房内温度均匀。

2. 机房内要设置相应的_____灭火器材。

3. 如果发现困人，迅速启动_____。

4. 机房门或至机房的通道应单独设置，且设有效果的锁具，并加贴"_____，_____"字样。

5. 在暴雨天气中，需要将多余的电梯开到_____。

二、判断题

1. 巡视时看到电梯轿门地坎有很小的异物不用清理。（　　）

2. 发现电梯在开关门或上下运行当中有异常声音、气味，要立即停止使用或就近停靠后停用，并通知维修人员。（　　）

3. 机房管理交由保安人员管理即可。（ ）

4. 告诫用户在火灾发生时不要使用电梯。（ ）

5. 如果发现电梯进水且停在 10 楼不动了,应该迅速检查电梯中是否有人。（ ）

参考答案

学习任务 1.2　电梯符号与乘用图形标志

学习目标

1）认识电梯的代表性符号。

2）认识生活中常见的乘用安全标志。

3）养成善于动脑，勤于思考，及时发现问题、解决问题的学习习惯。

案例导入

我们在乘坐电梯时，经常会在电梯周围看到以下标志，这些是什么标志？代表什么意思呢？

知识准备

1.2.1 电梯符号

《电梯操作装置、信号及附件》（GB/T 30560—2014）中规定了电梯的代表性符号，见表 1-2-1。

电梯使用的符号应与表 1-2-1 所示大致相同。表 1-2-1 中的符号仅是代表性的，不需要精确复制。对于特殊要求，见《电梯操作装置、信号及附件》（GB/T 30560—2014）附录 B。

表 1-2-1 中的仿形箭头也可以采用符合《设备用图形符号表示规则　第 2 部分：箭头的形式和使用》（GB/T 16902.2—2008）规定的箭头符号。

表 1-2-1　电梯的代表性符号

符号	名称	描述
🔔	报警按钮	铃形符号
◀▮▶	再开门按钮	仿形箭头
▶▮◀	关门按钮	仿形箭头
⊖	停止使用标志	红色圆盘带白色水平线，表示"禁止进入"
⌖	超载指示	仿形秤盘
▽▲	呼梯按钮	仿形箭头
◐◑	通信已建立指示	绿色的仿形通信标志
👂	助听环路系统指示	用蓝色表示助听环路系统符号
♿	无障碍标志	蓝色的无障碍符号
☆	星形	仿形五角星

1.2.2 电梯、自动扶梯和自动人行道乘用图形标志

《电梯、自动扶梯和自动人行道乘用图形标志及其使用导则》（GB/T 31200—2014）规定了电梯、自动扶梯和自动人行道的导向信息与乘用安全图形标志及其使用导则,适用于安装在公共场所的电梯、自动扶梯和自动人行道。

导向信息是引导人们方向的信息。图形标志可以跨越语言和文化障碍,直观、快速地传递信息。

乘用安全标志传递电梯、自动扶梯和自动人行道乘用安全信息,使乘客在尽可能少地依赖文字的情况下即获得迅速理解,更加安全地乘用电梯、自动扶梯和自动人行道,从而有效避免因不正确地乘用电梯、自动扶梯和自动人行道可能造成的各种危险并预防事故发生。

1. **术语和定义**

电梯、自动扶梯和自动人行道乘用图形标志涉及的术语和定义见表 1-2-2。

表 1-2-2 电梯、自动扶梯和自动人行道乘用图形标志涉及的术语和定义

术语	定义
公共场所	提供公共服务或人员活动密集的设施和场所
图形符号	以图形为主要特征,信息传递不依赖于语言的符号
标志	由符号、文字、颜色和几何形状（或边框）等组合形成的传递特定信息的视觉形象
标志用图形符号	用于图形标志,表示公共、安全、交通、包装储运等信息的图形符号
图形标志	由标志用图形符号、颜色、几何形状或边框等组合形成的标志
乘用安全标志	由安全符号与安全色、安全形状等组合形成,传递特定的电梯、自动扶梯和自动人行道的乘用安全信息的标志 根据安全色与安全形状不同组合所形成的标志含义,乘用安全标志分为禁止标志、警告标志、指令标志、提示标志（安全条件标志）和消防设施标志等
禁止标志	禁止某种行为或动作的乘用安全标志
警告标志	提醒注意周围环境、事物,避免潜在危害的乘用安全标志
指令标志	强制采取某种安全措施或做出某种动作的乘用安全标志
提示标志（安全条件标志）	提示安全行为或指示安全设备、安全设施以及疏散路线所在位置的乘用安全标志
消防设施标志	指示消防设施所在位置和提示如何使用消防设施的乘用安全标志
导向信息图形标志	传递电梯、自动扶梯和自动人行道及其服务功能等信息的图形标志
辅助标志	用文字解释另一标志所传递信息,为该标志提供补充说明,起辅助作用的标志
组合标志	在同一标志载体上由乘用安全标志和辅助标志形成的共同表达某一信息的标志
多重标志、集合标志	在同一标志载体上由两个或多个乘用安全标志和（或）组合标志形成的表达多个信息的标志

2. 图形标志的类型

图形标志的类型包括导向信息图形标志和乘用安全标志。

导向信息图形标志的图形符号见表 1-2-3，电梯的乘用安全标志见表 1-2-4，自动扶梯和自动人行道的乘用安全标志见表 1-2-5。

表 1-2-3　导向信息图形标志的图形符号

图形符号	含义	说明
	电梯	表示公用电梯或其位置
	载货电梯	表示主要运输货物的电梯或其位置
	无障碍电梯	表示可供残疾人、老年人、伤病人等行动不便人员使用的电梯或其位置
	病床电梯或医用电梯	表示运送病床（包括病人）及相关医疗设备的电梯或其位置
	汽车电梯	表示运送汽车的电梯或其位置
	上行自动扶梯	表示上行自动扶梯或其位置，不表示楼梯
	下行自动扶梯	表示下行自动扶梯或其位置，不表示楼梯
	自动扶梯	表示自动扶梯或其位置，不表示楼梯
	自动人行道	表示自动人行道或其位置

表 1-2-4 电梯的乘用安全标志

图形标志	名称	含义和说明	位置范围和地点
	消防电梯	设置在建筑的耐火封闭结构内,具有前室和备用电源,在正常情况下为乘客使用,在建筑发生火灾时其附加的保护、控制和信号等功能,使其成为专供消防员使用的电梯 在轿厢操作面板上标志尺寸为20mm×20mm,在层站上标志尺寸至少为100mm×100mm,两个出入口消防电梯消防操作面板上的标志尺寸应为20mm×20mm 消防设施标志	消防电梯的层站入口处和轿厢内
	禁止火灾时使用	禁止在发生火灾时使用电梯 禁止标志	层站入口处
	禁止地震时使用	禁止在地震时使用电梯 禁止标志	层站入口处
	禁止进水时使用	禁止在进水时使用电梯 禁止标志	层站入口处和轿厢内
	禁止入内	禁止进入易造成人员伤害的场所 禁止标志	机房门、井道安全门等
	禁止携带易燃及易爆物品	禁止携带和运送易燃、易爆物品及其他危险品 禁止标志	层站入口处和轿厢内
	禁止携带有毒物品和有害液体	禁止携带有毒物品和有害液体 禁止标志	层站入口处和轿厢内
	禁止吸烟	禁止在轿厢内吸烟 禁止标志	轿厢内
	禁止依靠	禁止倚靠在层门和轿门上 禁止标志	轿门和层门
	禁止撞击	禁止撞击层门、轿门和轿壁等 禁止标志	层门、轿门和轿壁等
	禁止扒门	禁止乘客扒开电梯层门或轿门 禁止标志	层门和轿门
	禁止玩耍	禁止在层站附近和轿厢内玩耍、踢撞 禁止标志	层站附近和轿厢内
	禁止跑入	禁止关门时跑入轿厢 禁止标志	层站入口处

续表

图形标志	名称	含义和说明	位置范围和地点
	禁止用尖锐物品按按钮	禁止用尖硬、锋利的物品去触碰按钮 禁止标志	层站入口处和轿厢内
	当心夹手	乘用电梯时，注意手不要放在门与门之间，以及门与门框之间 警告标志	层站入口处和轿厢内
	当心夹绳	进出电梯时，防止门夹住绳索或皮带 警告标志	层站入口处和轿厢内
	当心夹住薄板	进出电梯时，防止门夹住薄板状物体，如夹板、玻璃板等 警告标志	层站入口处和轿厢内
	身体阻止关门危险	乘用电梯时，不要跨立在层站和轿厢之间 警告标志	层站入口处和轿厢内
	请陪同儿童乘电梯	儿童应在成人陪同下乘电梯 提示标志	层站入口处和轿厢内
	请伴随行动不便人员乘梯	行动不便人员乘用电梯时，宜有人伴随 提示标志	层站入口处和轿厢内

　　自动扶梯和自动人行道乘用安全标志主要分为禁止标志、警告标志、指令标志和提示标志等，它们通常简单易懂、一目了然，以图标的形式设置在危险或醒目位置。

表 1-2-5　自动扶梯和自动人行道的乘用安全标志

图形标志	名称	含义和说明	设置范围和地点
	禁止进入	禁止从该方向进入自动扶梯和自动人行道 如果该标志类别为电气显示装置，其外圆直径应不小于 50mm。当显示装置熄灭时，不应出现可见的标志 禁止标志	自动扶梯和自动人行道的出口
	禁止吸烟	禁止在自动扶梯和自动人行道上吸烟 禁止标志	自动扶梯和自动人行道的入口
	禁止行走或奔跑	禁止在自动扶梯上行走或奔跑 禁止标志	自动扶梯的出口
	禁止攀爬、骑乘扶手带	禁止乘客攀爬、骑乘扶手带 禁止标志	自动扶梯和自动人行道的出入口
	禁止玩耍	禁止在自动扶梯和自动人行道附近玩耍 禁止标志	自动扶梯和自动人行道的出入口

续表

图形标志	名称	含义和说明	设置范围和地点
	禁止在出入口附近停留	禁止在运行的自动扶梯和自动人行道出入口停留 禁止标志	自动扶梯和自动人行道的出入口
	禁止赤脚者乘用	禁止赤脚者乘用自动扶梯和自动人行道 禁止标志	自动扶梯和自动人行道的入口
	禁止反方向站立	禁止反方向站立在运行中的自动扶梯和自动人行道上 禁止标志	自动扶梯和自动人行道的入口
	禁止运输笨重物品	禁止利用自动扶梯和自动人行道运输笨重物品 禁止标志	自动扶梯和自动人行道的入口
	禁止将物品放在扶手带上	禁止将携带的物品放在扶手带上 禁止标志	自动扶梯和自动人行道的入口
	禁止携带超长物品	禁止在自动扶梯和自动人行道上携带超长物品 禁止标志	自动扶梯和自动人行道的入口
	禁止尖硬物插入	禁止将尖硬物插入自动扶梯和自动人行道的梯级或踏板的凹槽、缝隙中 禁止标志	自动扶梯和自动人行道的入口
	禁止蹲或坐	禁止在自动扶梯和自动人行道上蹲或坐 禁止标志	自动扶梯和自动人行道的入口
	禁止头和肢体伸到扶手带外	禁止将头和肢体伸到扶手带外 禁止标志	自动扶梯和自动人行道的垂直防护挡板和入口
	禁止倚靠	禁止倚靠自动扶梯和自动人行道的护壁板和扶手带 禁止标志	自动扶梯和自动人行道的入口
	禁止踩踏	禁止踩踏自动扶梯和自动人行道的防夹装置（如毛刷、橡胶条） 禁止标志	自动扶梯和自动人行道的入口
	禁止使用手推车	禁止在自动扶梯和自动人行道上使用手推车 禁止标志 [《自动扶梯和自动人行道的制造与安装安全规范》（GB 16899—2011）规定应设置的标志]	自动扶梯和自动人行道的入口
	当心卡住鞋跟	乘用自动扶梯和自动人行道时，注意高跟鞋的鞋跟不要被凹槽或缝隙卡住 警告标志	自动扶梯和自动人行道的入口
	当心碰头	注意有碰头危险 警告标志	有可能产生碰头的位置，如防护挡板处，梯级、踏板或胶带上方垂直净高度小于 2.3m 处

续表

图形标志	名称	含义和说明	设置范围和地点
	当心夹住衣物	乘用自动扶梯和自动人行道时，注意防止夹住衣物 警告标志	自动扶梯和自动人行道的入口
	当心夹住软底鞋	乘用自动扶梯和自动人行道时，注意软底鞋不要被缝隙卡住 警告标志	自动扶梯和自动人行道的入口
	必须拉住小孩	乘用自动扶梯和自动人行道时，必须拉住小孩 指令标志 [《自动扶梯和自动人行道的制造与安装安全规范》（GB 16899—2011）规定应设置的标志]	自动扶梯和自动人行道的入口
	必须抱着宠物	乘用自动扶梯和自动人行道时，必须抱着宠物 指令标志 [《自动扶梯和自动人行道的制造与安装安全规范》（GB 16899—2011）规定应设置的标志]	自动扶梯和自动人行道的入口
	必须握住扶手带	乘用自动扶梯和自动人行道时，必须握住扶手带 指令标志 [《自动扶梯和自动人行道的制造与安装安全规范》（GB 16899—2011）规定应设置的标志]	自动扶梯和自动人行道的入口
	进入方向	从该入口乘用自动扶梯和自动人行道。如果该标志类别为电气显示装置，其外圆直径应不小于 50mm。当显示装置熄灭时，不应出现可见的标志 提示标志	自动扶梯和自动人行道的入口
	请迈步离开	离开自动扶梯和自动人行道的梯级或踏板时，迈步跨过梳齿板 提示标志	自动扶梯和自动人行道的入口
	请迈步进入	乘用自动扶梯和自动人行道时，迈步跨过梳齿板，站立在梯级或踏板上 提示标志	自动扶梯和自动人行道的入口
	请站在警示线内	乘用自动扶梯和自动人行道时，双脚站立在警示线内 提示标志	自动扶梯和自动人行道的入口
	请伴随行动不便人员乘梯	行动不便人员乘用自动扶梯和自动人行道时应有人伴随 提示标志	自动扶梯和自动人行道的入口

3. 图形标志的要求

（1）导向信息图形标志

1）使用图形符号设计导向要素时，应符合《公共信息导向系统　导向要素的设计原则与要求》（GB/T 20501—2013）、《公共信息图形符号　第 1 部分：通用符号》（GB/T 10001.1—2012）、《标志用公共信息图形符号　第 3 部分：客运货运符号》（GB/T 10001.3—2021）和《标志用公共信息图形符号　第 9 部分：无障碍设施符号》（GB/T 10001.9—2021）的规定；使用小型图形符号设计便携印刷品时，应符合《公共信息导向系统　要素的设计原则与要求　第 5 部分：便携印刷品》（GB/T 20501.5—2006）的规定。

2）应从表 1-2-3 中选取图形符号形成导向信息图形标志；如果使用《电梯、自动扶梯和自动人行道乘用图形标志及其使用导则》（GB/T 31200—2014）以外的图形符号，应符合上述 1）的规定。

3）应根据实际场景的具体情况或与之组合使用的方向符号所指的方向，使用表 1-2-3 中的图形符号或其镜像图形符号。

4）根据设计需要，表 1-2-3 中的图形符号仅允许等比例放大或缩小，可将图形符号栏中的正方形符号边线的四角改为圆角；在使用沉底色形成符号区域时，应使该区域与正方形符号边线重合，并删除正方形符号边线。

5）表 1-2-3 给出的含义仅为图形符号的广义概念，可根据所要表达的具体对象给出相应名称。例如，含义为"电梯"的图形符号可给出"电梯""乘客电梯""职工电梯"等具体名称，同时英文也应根据具体中文名称进行相应的调整。

（2）乘用安全标志

1）乘用安全标志的设计应符合《图形符号　安全色和安全标志　第 1 部分：安全标志和安全标记的设计原则》（GB/T 2893.1—2013）、《图形符号　安全色和安全标志　第 3 部分：安全标志用图形符号设计原则》（GB/T 2893.3—2010）和《安全标志及其使用导则》（GB 2894—2008）的规定。

2）应从表 1-2-4 中选取电梯的乘用安全标志，从表 1-2-5 中选取自动扶梯和自动人行道的乘用安全标志；如果需要使用《电梯、自动扶梯和自动人行道乘用图形标志及其使用导则》（GB/T 31200—2014）以外的乘用安全标志，应符合上述 1）的规定。

3）除表 1-2-4 对电梯的乘用安全标志尺寸有特殊要求外，电梯的乘用安全标志外接圆直径应不小于 50mm；除表 1-2-5 对自动扶梯和自动人行道的乘用安全标志尺寸有特殊要求外，自动扶梯和自动人行道的乘用安全标志外接圆直径应不小于 80mm。

使用小型乘用安全标志设计便携印刷品时，宜符合《公共信息导向系统要素的设计原则与要求　第 5 部分：便携印刷品》（GB/T 20501.5—2006）的规定。

4）可使用文字对乘用安全标志上图形符号的含义进行补充说明。文字应在单独的辅助标志中或作为组合标志的组成部分。辅助标志、组合标志及多重标志的设计应符合《图形符号　安全色和安全标志　第 1 部分：安全标志和安全标记的设计原则》（GB/T 2893.1—2013）中的有关规定。

5）乘用安全标志的类别选用应符合《安全色和安全标志　安全标志的分类、性能和耐久性》（GB/T 26443—2010）中的有关规定。乘用安全标志在电梯、自动扶梯和自动人行道的整个寿命期内应满足以下要求：①永久性；②图形和字迹（如果有）清晰；③色彩永不褪色；④适应所有预期的环境条件，并不因环境因素（如液体、气体、烟雾、温度、光等）损坏；⑤耐磨损；⑥尺寸稳定。

4. 图形标志的设置

1）导向信息图形标志的位置设置应符合《公共信息导向系统　设置原则与要求》（GB/T 15566）的有关规定。

2）乘用安全标志应设置在相应危险位置或部件附近的醒目处，应符合表 1-2-4 和表 1-2-5 的规定。多个标志在一起设置时，应按禁止、警告、指令、提示类型的顺序，先左后右、先上后下排列。表 1-2-4 中"消防电梯"乘用安全标志应单独设置。

5. 检查与维护

1）导向信息图形标志应保持正确、清晰和完整。

2）表 1-2-4 中"消防电梯"乘用安全标志与表 1-2-5 中"禁止使用手推车""必须拉住小孩""必须抱着宠物""必须握住扶手带"乘用安全标志应作为电梯部件，其他乘用安全标志应由使用单位根据需要设置。

3）所有乘用安全标志应定期检查和维护。如果发现缺失、破损、变形、褪色等缺陷，应及时修整或更换。

4）电梯的运营使用单位应当将安全使用说明、安全注意事项和警示标志置于易于引起乘客注意的位置。

知识梳理

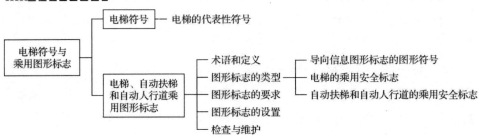

自我检测

一、填空题

1.下列_____是提示标志。

（1）　　（2）　　（3）　　（4）

2.乘用安全标志在电梯、自动扶梯和自动人行道的整个寿命期内应满足要求：

（1）永久性

（2）图形和字迹（如果有）清晰

（3）色彩永不褪色

（4）适应所有预期的环境条件，并不因环境因素（如液体、气体、烟雾、温度、光等）损坏

（5）耐磨损

（6）尺寸稳定

3.自动扶梯和自动人行道乘用安全标志主要分为_____、_____、_____、_____和_____等，它们通常简单易懂、一目了然，以图标的形式设置在危险或醒目位置。

4.多个标志在一起设置时，应按禁止、警告、指令、提示类型的顺序，_____、_____排列。

5.下列_____是指令标志。

（1） （2） （3） （4）

二、单选题

1.提醒注意周围环境、事物，避免潜在危害的乘用安全标志是（   ）。

A.禁止标志　　　　　B.警告标志　　　　　C.指令标志　　　　　D.提示标志

2. 为（   ）。

A.再开门按钮　　　B.关门按钮　　　　C.呼梯按钮　　　　D.报警按钮

3.表示可供残疾人、老年人、伤病人等行动不便人员乘用的电梯或其位置的是（   ）。

A. 　　B. 　　C. 　　D.

4.  代表（   ）。

A.当心夹住薄板　　B.当心夹手　　C.当心夹绳　　D.身体阻止关门危险

5. 为（   ）。

A.禁止标志　　　　B.警告标志　　　　C.指令标志　　　　D.提示标志

三、判断题

1.提醒注意周围环境、事物，避免潜在危害的乘用安全标志是指令标志。（   ）

2.根据安全色与安全形状不同组合所形成的标志含义，乘用安全标志分为禁止标志、警告标志、指令标志、提示标志（安全条件标志）和消防设施标志等。（   ）

3. 表示自动扶梯或其位置，不表示楼梯。（   ）

4.如果 标志类别为电气显示装置，其外圆直径应不小于50mm。（   ）

5.可使用文字对乘用安全标志上图形符号的含义进行补充说明。文字应在单独的辅助标志中或作为组合标志的组成部分。（   ）

参考答案

学习任务 1.3   电梯安全法规知识

学习目标

1）了解相关电梯安全管理的法律法规。

2）了解相关电梯安全管理的行政规章。

3）对学生进行职业意识培养和职业道德教育，使其形成严谨、敬业的工作作风。

案例导入

"麻烦你们来看看，我们小区的电梯有问题，卡人、掉层的情况时有发生。"某日上午9时许，市民王某拨打投诉热线反映，其居住小区的电梯存在安全隐患一年多，一直无人处理。接报后，领导马上派某质监局稽查队执法人员和检测人员来到该小区核实情况。

处理：责令停止使用，尽快完成整改。

经核查，该小区两台电梯存在故障、未进行过相关检验、没有维保记录，物业未为电梯配备持证电梯安全管理员。"这两台电梯基本'脱保'了，非常危险。"执法人员说。

根据相关规定，执法人员当场对该小区下达特种设备安全监察指令书，并对该小区电梯粘贴责令停止使用的告示。该小区物业表示将尽快整改。

思考：对电梯"脱保"如此处理的依据是什么？

知识准备

1.3.1　电梯安全管理法律法规

1.《特种设备安全法》的相关规定

《特种设备安全法》于 2013 年 6 月 29 日第十二届全国人民代表大会常务委员会第三次会议通过,自 2014 年 1 月 1 日起施行。

《特种设备安全法》分总则,生产、经营、使用,检验、检测,监督管理,事故应急救援与调查处理,法律责任和附则,共 7 章 101 条。与电梯安全管理相关的条款摘录如下:

第一条　为了加强特种设备安全工作,预防特种设备事故,保障人身和财产安全,促进经济社会发展,制定本法。

第二条　特种设备的生产(包括设计、制造、安装、改造、修理)、经营、使用、检验、检测和特种设备安全的监督管理,适用本法。

本法所称特种设备,是指对人身和财产安全有较大危险性的锅炉、压力容器(含气瓶)、压力管道、电梯、起重机械、客运索道、大型游乐设施、场(厂)内专用机动车辆,以及法律、行政法规规定适用本法的其他特种设备。

国家对特种设备实行目录管理。特种设备目录由国务院负责特种设备安全监督管理的部门制定,报国务院批准后执行。

第三条　特种设备安全工作应当坚持安全第一、预防为主、节能环保、综合治理的原则。

第四条　国家对特种设备的生产、经营、使用,实施分类的、全过程的安全监督管理。

第五条　国务院负责特种设备安全监督管理的部门对全国特种设备安全实施监督管理。

县级以上地方各级人民政府负责特种设备安全监督管理的部门对本行政区域内特种设备安全实施监督管理。

第七条　特种设备生产、经营、使用单位应当遵守本法和其他有关法律、法规,建立、健全特种设备安全和节能责任制度,加强特种设备安全和节能管理,确保特种设备生产、经营、使用安全,符合节能要求。

第八条　特种设备生产、经营、使用、检验、检测应当遵守有关特种设备安全技术规范及相关标准。

特种设备安全技术规范由国务院负责特种设备安全监督管理的部门制定。

第十三条 特种设备生产、经营、使用单位及其主要负责人对其生产、经营、使用的特种设备安全负责。

特种设备生产、经营、使用单位应当按照国家有关规定配备特种设备安全管理人员、检测人员和作业人员，并对其进行必要的安全教育和技能培训。

第十四条 特种设备安全管理人员、检测人员和作业人员应当按照国家有关规定取得相应资格，方可从事相关工作。特种设备安全管理人员、检测人员和作业人员应当严格执行安全技术规范和管理制度，保证特种设备安全。

第十五条 特种设备生产、经营、使用单位对其生产、经营、使用的特种设备应当进行自行检测和维护保养，对国家规定实行检验的特种设备应当及时申报并接受检验。

第十八条 国家按照分类监督管理的原则对特种设备生产实行许可制度。……

第十九条 特种设备生产单位应当保证特种设备生产符合安全技术规范及相关标准的要求，对其生产的特种设备的安全性能负责。不得生产不符合安全性能要求和能效指标以及国家明令淘汰的特种设备。

第二十条 特种设备产品、部件或者试制的特种设备新产品、新部件以及特种设备采用的新材料，按照安全技术规范的要求需要通过型式试验进行安全性验证的，应当经负责特种设备安全监督管理的部门核准的检验机构进行型式试验。

第二十一条 特种设备出厂时，应当随附安全技术规范要求的设计文件、产品质量合格证明、安装及使用维护保养说明、监督检验证明等相关技术资料和文件，并在特种设备显著位置设置产品铭牌、安全警示标志及其说明。

第二十二条 电梯的安装、改造、修理，必须由电梯制造单位或者其委托的依照本法取得相应许可的单位进行。电梯制造单位委托其他单位进行电梯安装、改造、修理的，应当对其安装、改造、修理进行安全指导和监控，并按照安全技术规范的要求进行校验和调试。电梯制造单位对电梯安全性能负责。

第二十三条 特种设备安装、改造、修理的施工单位应当在施工前将拟进行的特种设备安装、改造、修理情况书面告知直辖市或者设区的市级人民政府负责特种设备安全监督管理的部门。

第二十四条 特种设备安装、改造、修理竣工后，安装、改造、修理的施工单位应当在验收后三十日内将相关技术资料和文件移交特种设备使用单位。

特种设备使用单位应当将其存入该特种设备的安全技术档案。

第二十五条 ……电梯……的安装、改造、重大修理过程，应当经特种设备检验机构按照安全技术规范的要求进行监督检验；未经监督检验或者监督检验不合格的，不得出厂或者交付使用。

第二十六条 国家建立缺陷特种设备召回制度。因生产原因造成特种设备存在危及安全的同一性缺陷的，特种设备生产单位应当立即停止生产，主动召回。

国务院负责特种设备安全监督管理的部门发现特种设备存在应当召回而未召回的情形时，应当责令特种设备生产单位召回。

第二十七条 特种设备销售单位销售的特种设备，应当符合安全技术规范及相关标准的要求，其设计文件、产品质量合格证明、安装及使用维护保养说明、监督检验证明等相关技术资料和文件应当齐全。

特种设备销售单位应当建立特种设备检查验收和销售记录制度。

禁止销售未取得许可生产的特种设备，未经检验和检验不合格的特种设备，或者国家明令淘汰和已经报废的特种设备。

第三十二条 特种设备使用单位应当使用取得许可生产并经检验合格的特种设备。禁止使用国家明令淘汰和已经报废的特种设备。

第三十三条 特种设备使用单位应当在特种设备投入使用前或者投入使用后三十日内，向负责特种设备安全监督管理的部门办理使用登记，取得使用登记证书。登记标志应当置于该特种设备的显著位置。

第三十四条 特种设备使用单位应当建立岗位责任、隐患治理、应急救援等安全管理制度，制定操作规程，保证特种设备安全运行。

第三十五条 特种设备使用单位应当建立特种设备安全技术档案。安全技术档案应当包括以下内容：

（一）特种设备的设计文件、产品质量合格证明、安装及使用维护保养说明、监督检验证明等相关技术资料和文件；

（二）特种设备的定期检验和定期自行检查记录；

（三）特种设备的日常使用状况记录；

（四）特种设备及其附属仪器仪表的维护保养记录；

（五）特种设备的运行故障和事故记录。

第三十六条 电梯……等为公众提供服务的特种设备的运营使用单位，应当对特种设备的使用安全负责，设置特种设备安全管理机构或者配备专职的特种设备安全管理人员；其他特种设备使用单位，应当根据情况设置特种设备安全管理机构或者配备专职、兼职的特种设备安全管理人员。

第三十七条 特种设备的使用应当具有规定的安全距离、安全防护措施。

与特种设备安全相关的建筑物、附属设施，应当符合有关法律、行政法规的规定。

第三十八条 特种设备属于共有的，共有人可以委托物业服务单位或者其他管理人管理特种设备，受托人履行本法规定的特种设备使用单位的义务，承担相应责任。共有人未委托的，由共有人或者实际管理人履行管理义务，承担相应责任。

第三十九条 特种设备使用单位应当对其使用的特种设备进行经常性维护保养和定期自行检查，并作出记录。

特种设备使用单位应当对其使用的特种设备的安全附件、安全保护装置进行定期校验、检修，并作出记录。

第四十条 特种设备使用单位应当按照安全技术规范的要求，在检验合格有效期届满前一个月向特种设备检验机构提出定期检验要求。

特种设备检验机构接到定期检验要求后，应当按照安全技术规范的要求及时进行安全性能检验。特种设备使用单位应当将定期检验标志置于该特种设备的显著位置。

未经定期检验或者检验不合格的特种设备，不得继续使用。

第四十一条 特种设备安全管理人员应当对特种设备使用状况进行经常性检查，发现问题应当立即处理；情况紧急时，可以决定停止使用特种设备并及时报告本单位有关负责人。

特种设备作业人员在作业过程中发现事故隐患或者其他不安全因素，应当立即向特种设备安全管理人员和单位有关负责人报告；特种设备运行不正常时，特种设备作业人员应当按照操作规程采取有效措施保证安全。

第四十二条 特种设备出现故障或者发生异常情况，特种设备使用单位应当对其进行全面检查，消除事故隐患，方可继续使用。

第四十三条 ……电梯……的运营使用单位应当将电梯……的安全使用说明、安全注意事项和警示标志置于易于为乘客注意的显著位置。

公众乘坐或者操作电梯……，应当遵守安全使用说明和安全注意事项的要求，服从有关工作人员的管理和指挥；遇有运行不正常时，应当按照安全指引，有序撤离。

第四十五条 电梯的维护保养应当由电梯制造单位或者依照本法取得许可的安装、改造、修理单位进行。

电梯的维护保养单位应当在维护保养中严格执行安全技术规范的要求，保证其维护保养的电梯的安全性能，并负责落实现场安全防护措施，保证施工安全。

电梯的维护保养单位应当对其维护保养的电梯的安全性能负责；接到故障通知后，应当立即赶赴现场，并采取必要的应急救援措施。

第四十六条 电梯投入使用后，电梯制造单位应当对其制造的电梯的安全运行情况进行跟踪调查和了解，对电梯的维护保养单位或者使用单位在维护保养和安全运行方面存在的问题，提出改进建议，并提供必要的技术帮助；发现电梯存在严重事故隐患时，应当及时告知电梯使用单位，并向负责特种设备安全监督管理的部门报告。电梯制造单位对调查和了解的情况，应当作出记录。

第四十七条 特种设备进行改造、修理，按照规定需要变更使用登记的，应当办理变更登记，方可继续使用。

第四十八条 特种设备存在严重事故隐患，无改造、修理价值，或者达到安全技术规范规定的其他报废条件的，特种设备使用单位应当依法履行报废义务，采取必要措施消除该特种设备的使用功能，并向原登记的负责特种设备安全监督管理的部门办理使用登记证书注销手续。

前款规定报废条件以外的特种设备，达到设计使用年限可以继续使用的，应当按照安全技术规范的要求通过检验或者安全评估，并办理使用登记证书变更，方可继续使用。允许继续使用的，应当采取加强检验、检测和维护保养等措施，确保使用安全。

第五十四条 特种设备生产、经营、使用单位应当按照安全技术规范的要求向特种设备检验、检测机构及其检验、检测人员提供特种设备相关资料和必要的检验、检测条件，并对资料的真实性负责。

第六十九条 国务院负责特种设备安全监督管理的部门应当依法组织制定特种设备重特大事故应急预案，报国务院批准后纳入国家突发事件应急预案体系。

县级以上地方各级人民政府及其负责特种设备安全监督管理的部门应当依法组织制定本行政区域内特种设备事故应急预案，建立或者纳入相应的应急处置与救援体系。

特种设备使用单位应当制定特种设备事故应急专项预案，并定期进行应急演练。

第七十条 特种设备发生事故后，事故发生单位应当按照应急预案采取措施，组织抢救，防止事故扩大，减少人员伤亡和财产损失，保护事故现场和有关证据，并及时向事故发生地县级以上人民政府负责特种设备安全监督管理的部门和有关部门报告。

……

与事故相关的单位和人员不得迟报、谎报或者瞒报事故情况，不得隐匿、毁灭有关证据或者故意破坏事故现场。

第七十一条 事故发生地人民政府接到事故报告，应当依法启动应急预案，采取应急处置措施，组织应急救援。

第七十二条 特种设备发生特别重大事故，由国务院或者国务院授权有关部门组织事故调查组进行调查。

发生重大事故，由国务院负责特种设备安全监督管理的部门会同有关部门组织事故调查组进行调查。

发生较大事故，由省、自治区、直辖市人民政府负责特种设备安全监督管理的部门会同有关部门组织事故调查组进行调查。

发生一般事故，由设区的市级人民政府负责特种设备安全监督管理的部门会同有关部门组织事故调查组进行调查。

事故调查组应当依法、独立、公正开展调查，提出事故调查报告。

第七十三条 ……有关部门和单位应当依照法律、行政法规的规定，追究事故责任单位和人员的责任。

事故责任单位应当依法落实整改措施，预防同类事故发生。事故造成损害的，事故责任单位应当依法承担赔偿责任。

第七十四条 违反本法规定，未经许可从事特种设备生产活动的，责令停止生产，没收违法制造的特种设备，处十万元以上五十万元以下罚款；有违法所得的，没收违法所得；已经实施安装、改造、修理的，责令恢复原状或者责令限期由取得许可的单位重新安装、改造、修理。

第七十五条 违反本法规定，特种设备的设计文件未经鉴定，擅自用于制造的，责令改正，没收违法制造的特种设备，处五万元以上五十万元以下罚款。

第七十六条 违反本法规定，未进行型式试验的，责令限期改正；逾期未改正的，处三万元以上三十万元以下罚款。

第七十七条 违反本法规定，特种设备出厂时，未按照安全技术规范的要求随附相关技术资料和文件的，责令限期改正；逾期未改正的，责令停止制造、销售，处二万元以上二十万元以下罚款；有违法所得的，没收违法所得。

第七十八条 违反本法规定，特种设备安装、改造、修理的施工单位在施工前未书面告知负责特种设备安全监督管理的部门即行施工的，或者在验收后三十日内未将相关技术资料和文件移交特种设备使用单位的，责令限期改正；逾期未改正的，处一万元以上十万元以下罚款。

第七十九条 违反本法规定，特种设备的制造、安装、改造、重大修理……，未经监督检验的，责令限期改正；逾期未改的，处五万元以上二十万元以下罚款；有违法所得的，没收违法所得；情节严重的，吊销生产许可证。

第八十三条 违反本法规定，特种设备使用单位有下列行为之一的，责令限期改正；逾期未改正的，责令停止使用有关特种设备，处一万元以上十万元以下罚款：

（一）使用特种设备未按照规定办理使用登记的；

（二）未建立特种设备安全技术档案或者安全技术档案不符合规定要求，或者未依法设置使用登记标志、定期检验标志的；

（三）未对其使用的特种设备进行经常性维护保养和定期自行检查，或者未对其使用的特种设备的安全附件、安全保护装置进行定期校验、检修，并作出记录的；

（四）未按照安全技术规范的要求及时申报并接受检验的；

……

（六）未制定特种设备事故应急专项预案的。

第八十四条 违反本法规定，特种设备使用单位有下列行为之一的，责令停止使用有关特种设备，处三万元以上三十万元以下罚款：

（一）使用未取得许可生产，未经检验或者检验不合格的特种设备，或者国家明令淘汰、已经报废的特种设备的。

（二）特种设备出现故障或者发生异常情况，未对其进行全面检查、消除事故隐患，继续使用的。

（三）特种设备存在严重事故隐患，无改造、修理价值，或者达到安全技术规范规定的其他报废条件，未依法履行报废义务，并办理使用登记证书注销手续的。

第八十六条 违反本法规定，特种设备生产、经营、使用单位有下列情形之一的，责令限期改正；逾期未改正的，责令停止使用有关特种设备或者停产停业整顿，处一万元以上五万元以下罚款：

（一）未配备具有相应资格的特种设备安全管理人员、检测人员和作业人员的；

（二）使用未取得相应资格的人员从事特种设备安全管理、检测和作业的；

（三）未对特种设备安全管理人员、检测人员和作业人员进行安全教育和技能培训的。

第八十七条 违反本法规定，电梯……的运营使用单位有下列情形之一的，责令限期改正；逾期未改正的，责令停止使用有关特种设备或者停产停业整顿，处二万元以上十万元以下罚款。

（一）未设置特种设备安全管理机构或者配备专职的特种设备安全管理人员的；

……

（三）未将电梯……的安全使用说明、安全注意事项和警示标志置于易于为乘客注意的显著位置的。

第八十八条 违反本法规定，未经许可，擅自从事电梯维护保养的，责令停止违法行为，处一万元以上十万元以下罚款；有违法所得的，没收违法所得。

电梯的维护保养单位未按照本法规定以及安全技术规范的要求，进行电梯维护保养的，依照前款规定处罚。

第八十九条 发生特种设备事故，有下列情形之一的，对单位处五万元以上二十万元以下罚款；对主要负责人处一万元以上五万元以下罚款；主要负责人属于国家工作人员的，并依法给予处分：

（一）发生特种设备事故时，不立即组织抢救或者在事故调查处理期间擅离职守或者逃匿的；

（二）对特种设备事故迟报、谎报或者瞒报的。

第九十条 发生事故，对负有责任的单位除要求其依法承担相应的赔偿等责任外，依照下列规定处以罚款：

（一）发生一般事故，处十万元以上二十万元以下罚款；

（二）发生较大事故，处二十万元以上五十万元以下罚款；

（三）发生重大事故，处五十万元以上二百万元以下罚款。

第九十一条 对事故发生负有责任的单位的主要负责人未依法履行职责或者负有领导责任的，依照下列规定处以罚款；属于国家工作人员的，并依法给予处分：

（一）发生一般事故，处上一年年收入百分之三十的罚款；

（二）发生较大事故，处上一年年收入百分之四十的罚款；

（三）发生重大事故，处上一年年收入百分之六十的罚款。

第九十二条 违反本法规定，特种设备安全管理人员、检测人员和作业人员不履行岗位职责，违反操作规程和有关安全规章制度，造成事故的，吊销相关人员的资格。

第九十五条 违反本法规定，特种设备生产、经营、使用单位或者检验、检测机构拒不接受负责特种设备安全监督管理的部门依法实施的监督检查的，责令限期改正；逾期未改正的，责停产停业整顿，处二万元以上二十万元以下罚款。

特种设备生产、经营、使用单位擅自动用、调换、转移、损毁被查封、扣押的特种设备或者其主要部件的，责令改正，处五万元以上二十万元以下罚款；情节严重的，吊销生产许可证，注销特种设备使用登记证书。

第九十六条 违反本法规定，被依法吊销许可证的，自吊销许可证之日起三年内，负责特种设备安全监督管理的部门不予受理其新的许可申请。

第九十七条 违反本法规定，造成人身、财产损害的，依法承担民事责任。

……

第九十八条 违反本法规定，构成违反治安管理行为的，依法给予治安管理处罚；构成犯罪的，依法追究刑事责任。

第一百条 军事装备、核设施、航空航天器使用的特种设备安全的监督管理不适用本法。

铁路机车、海上设施和船舶、矿山井下使用的特种设备以及民用机场专用设备安全的监督管理，房屋建筑工地、市政工程工地用起重机械和场（厂）内专用机动车辆的安装、使用的监督管理，由有关部门依照本法和其他有关法律的规定实施。

2. 《特种设备安全监察条例》的相关规定

在《特种设备安全法》施行之前，国务院颁布实施了《特种设备安全监察条例》这一行政法规。

《特种设备安全监察条例》于 2003 年 3 月 11 日中华人民共和国国务院令第 373 号公布，自 2003 年 6 月 1 日起施行。

《特种设备安全监察条例》经过一次修订。《国务院关于修改<特种设备安全监察条例>的决定》经 2009 年 1 月 14 日国务院第 46 次常务会议通过，2009 年 1 月 24 日中华人民共和国国务院令第 549 号公布，自 2009 年 5 月 1 日起施行。与电梯安全管理相关的规定摘录如下：

第十八条 电梯井道的土建工程必须符合建筑工程质量要求。电梯安装施工过程中，电梯安装单位应当遵守施工现场的安全生产要求，落实现场安全防护措施。电梯安装施工过程中，施工现场的安全生产监督，由有关部门依照有关法律、行政法规的规定执行。

电梯安装施工过程中，电梯安装单位应当服从建筑施工总承包单位对施工现场的安全生产管理，并订立合同，明确各自的安全责任。

第二十七条　特种设备使用单位应当对在用特种设备进行经常性日常维护保养，并定期自行检查。

特种设备使用单位对在用特种设备应当至少每月进行一次自行检查，并作出记录。特种设备使用单位在对在用特种设备进行自行检查和日常维护保养时发现异常情况的，应当及时处理。

特种设备使用单位应当对在用特种设备的安全附件、安全保护装置、测量调控装置及有关附属仪器仪表进行定期校验、检修，并作出记录。

……

第二十八条　特种设备使用单位应当按照安全技术规范的定期检验要求，在安全检验合格有效期届满前 1 个月向特种设备检验检测机构提出定期检验要求。

……

未经定期检验或者检验不合格的特种设备，不得继续使用。

第二十九条　特种设备出现故障或者发生异常情况，使用单位应当对其进行全面检查，消除事故隐患后，方可重新投入使用。

特种设备不符合能效指标的，特种设备使用单位应当采取相应措施进行整改。

或者电梯制造单位进行。

第三十一条　电梯的日常维护保养必须由依照本条例取得许可的安装、改造、维修单位或者电梯制造单位进行。

第三十二条　电梯的日常维护保养单位应当在维护保养中严格执行国家安全技术规范的要求，保证其维护保养的电梯的安全技术性能，并负责落实现场安全防护措施，保证施工安全。

电梯的日常维护保养单位，应当对其维护保养的电梯的安全性能负责。接到故障通知后，应当立即赶赴现场，并采取必要的应急救援措施。

第三十六条　电梯……的乘客应当遵守使用安全注意事项的要求，服从有关工作人员的指挥。

第三十七条　电梯投入使用后，电梯制造单位应当对其制造的电梯的安全运行情况进行跟踪调查和了解，对电梯的日常维护保养单位或者电梯的使用单位在安全运行方面存在的问题，提出改进建议，并提供必要的技术帮助。发现电梯存在严重事故隐患的，应当及时向特种设备安全监督管理部门报告。电梯制造单位对调查和了解的情况，应当作出记录。

第三十八条 ……电梯……的作业人员及其相关管理人员（以下统称特种设备作业人员），应当按照国家有关规定经特种设备安全监督管理部门考核合格，取得国家统一格式的特种作业人员证书，方可从事相应的作业或者管理工作。

第三十九条 特种设备使用单位应当对特种设备作业人员进行特种设备安全、节能教育和培训，保证特种设备作业人员具备必要的特种设备安全、节能知识。

特种设备作业人员在作业中应当严格执行特种设备的操作规程和有关的安全规章制度。

第四十条 特种设备作业人员在作业过程中发现事故隐患或者其他不安全因素，应当立即向现场安全管理人员和单位有关负责人报告。

第六十一条 有下列情形之一的，为特别重大事故：

（一）特种设备事故造成30人以上死亡，或者100人以上重伤（包括急性工业中毒，下同），或者1亿元以上直接经济损失的；

……

第六十二条 有下列情形之一的，为重大事故：

（一）特种设备事故造成10人以上30人以下死亡，或者50人以上100人以下重伤，或者5000万元以上1亿元以下直接经济损失的；

……

第六十三条 有下列情形之一的，为较大事故：

（一）特种设备事故造成3人以上10人以下死亡，或者10人以上50人以下重伤，或者1000万元以上5000万元以下直接经济损失的；

第六十四条 有下列情形之一的，为一般事故：

（一）特种设备事故造成3人以下死亡，或者10人以下重伤，或者1万元以上1000万元以下直接经济损失的；

……

（三）电梯轿厢滞留人员2小时以上的；

……

第七十五条 未经许可，擅自从事……电梯……及其安全附件、安全保护装置的制造、安装、改造以及压力管道元件的制造活动的，由特种设备安全监督管理部门予以取缔，没收非法制造的产品，已经实施安装、改造的，责令恢复原状或者责令限期由取得许可的单位重新安装、改造，处10万元以上50万元以下罚款；触犯刑律的，对负有责任的主管人员和其他直接责任人员依照刑法关于生产、销售伪劣产品罪、非法经营罪、重大责任事故罪或者其他罪的规定，依法追究刑事责任。

第七十六条　特种设备出厂时，未按照安全技术规范的要求附有设计文件、产品质量合格证明、安装及使用维修说明、监督检验证明等文件的，由特种设备安全监督管理部门责令改正；情节严重的，责令停止生产、销售，处违法生产、销售货值金额30%以下罚款；有违法所得的，没收违法所得。

第七十七条　未经许可，擅自从事……电梯……的维修或者日常维护保养的，由特种设备安全监督管理部门予以取缔，处1万元以上5万元以下罚款；有违法所得的，没收违法所得；触犯刑律的，对负有责任的主管人员和其他直接责任人员依照刑法关于非法经营罪、重大责任事故罪或者其他罪的规定，依法追究刑事责任。

第七十八条　……电梯……的改造、维修单位，在施工前未将拟进行的特种设备安装、改造、维修情况书面告知直辖市或者设区的市的特种设备安全监督管理部门即行施工的，或者在验收后30日内未将有关技术资料移交……电梯……的使用单位的，由特种设备安全监督管理部门责令限期改正；逾期未改正的，处2000元以上1万元以下罚款。

第七十九条　……电梯……的安装、改造、重大维修过程……，未经国务院特种设备安全监督管理部门核准的检验检测机构按照安全技术规范的要求进行监督检验的，由特种设备安全监督管理部门责令改正，已经出厂的，没收违法生产、销售的产品，已经实施安装、改造、重大维修或者清洗的，责令限期进行监督检验，处5万元以上20万元以下罚款；有违法所得的，没收违法所得；情节严重的，撤销制造、安装、改造或者维修单位已经取得的许可，并由工商行政管理部门吊销其营业执照；触犯刑律的，对负有责任的主管人员和其他直接责任人员依照刑法关于生产、销售伪劣产品罪或者其他罪的规定，依法追究刑事责任。

第八十三条　特种设备使用单位有下列情形之一的，由特种设备安全监督管理部门责令限期改正；逾期未改正的，处2000元以上2万元以下罚款；情节严重的，责令停止使用或者停产停业整顿：

（一）特种设备投入使用前或者投入使用后30日内，未向特种设备安全监督管理部门登记，擅自将其投入使用的；

（二）未依照本条例第二十六条的规定，建立特种设备安全技术档案的；

（三）未依照本条例第二十七条的规定，对在用特种设备进行经常性日常维护保养和定期自行检查的,或者对在用特种设备的安全附件、安全保护装置、测量调控装置及有关附属仪器仪表进行定期校验、检修,并作出记录的;

(四)未按照安全技术规范的定期检验要求,在安全检验合格有效期届满前1个月向特种设备检验检测机构提出定期检验要求的;

(五)使用未经定期检验或者检验不合格的特种设备的;

(六)特种设备出现故障或者发生异常情况,未对其进行全面检查、消除事故隐患,继续投入使用的;

(七)未制定特种设备事故应急专项预案的;

(八)未依照本条例第三十一条第二款的规定,对电梯进行清洁、润滑、调整和检查的;

……

(十)特种设备不符合能效指标,未及时采取相应措施进行整改的。

特种设备使用单位使用未取得生产许可的单位生产的特种设备……,由特种设备安全监督管理部门责令停止使用,予以没收,处2万元以上10万元以下罚款。

第八十四条 特种设备存在严重事故隐患,无改造、维修价值,或者超过安全技术规范规定的使用年限,特种设备使用单位未予以报废,并向原登记的特种设备安全监督管理部门办理注销的,由特种设备安全监督管理部门责令限期改正;逾期未改正的,处5万元以上20万元以下罚款。

第八十五条 电梯……的运营使用单位有下列情形之一的,由特种设备安全监督管理部门责令限期改正;逾期未改正的,责令停止使用或者停产停业整顿,处1万元以上5万元以下罚款:

……

(二)未将电梯……的安全注意事项和警示标志置于易于为乘客注意的显著位置的。

第八十六条 特种设备使用单位有下列情形之一的,由特种设备安全监督管理部门责令限期改正;逾期未改正的,责令停止使用或者停产停业整顿,处2000元以上2万元以下罚款:

(一)未依照本条例规定设置特种设备安全管理机构或者配备专职、兼职的安全管理人员的;

(二)从事特种设备作业的人员,未取得相应特种作业人员证书,上岗作业的;

(三)未对特种设备作业人员进行特种设备安全教育和培训的。

第八十七条　发生特种设备事故，有下列情形之一的，对单位，由特种设备安全监督管理部门处 5 万元以上 20 万元以下罚款；对主要负责人，由特种设备安全监督管理部门处 4000 元以上 2 万元以下罚款；属于国家工作人员的，依法给予处分；触犯刑律的，依照刑法关于妨害公务罪或者其他罪的规定，依法追究刑事责任。

（一）特种设备使用单位的主要负责人在本单位发生特种设备事故时，不立即组织抢救或者在事故调查处理期间擅离职守或者逃匿的；

（二）特种设备使用单位的主要负责人对特种设备事故隐瞒不报、谎报或者拖延不报的。

第九十八条　特种设备的生产、使用单位或者检验检测机构，拒不接受特种设备安全监督管理部门依法实施的安全监察的，由特种设备安全监督管理部门责令限期改正；逾期未改正的，责令停产停业整顿，处 2 万元以上 10 万元以下罚款；触犯刑律的，依照刑法关于妨害公务罪或者其他罪的规定，依法追究刑事责任。

特种设备生产、使用单位擅自动用、调换、转移、损毁被查封、扣押的特种设备或者其主要部件的，由特种设备安全监督管理部门责令改正，处 5 万元以上 20 万元以下罚款；情节严重的，撤销其相应资格。

第九十九条　本条例下列用语的含义是：

......

（四）电梯，是指动力驱动，利用沿刚性导轨运行的箱体或者沿固定线路运行的梯级（踏步），进行升降或者平行运送人、货物的机电设备，包括载人（货）电梯、自动扶梯、自动人行道等。

......

特种设备包括其所用的材料、附属的安全附件、安全保护装置和与安全保护装置相关的设施。

1.3.2　电梯安全管理行政规章

1.《特种设备事故报告和调查处理规定》的相关规定

《种设备事故报告和调查处理规定》于 2009 年 7 月 3 日由原国家质量监督检验检疫总局以总局第 115 号令公布，自公布之日起施行。2001 年 9 月 17 日原国家质量监督检验检疫总局下发的《锅炉压力容器压力管道特种设备事故处理规定》同时废止。电梯安全相关规定摘录如下：

第二条 特种设备制造、安装、改造、维修、使用……检验检测活动中发生的特种设备事故，其报告、调查和处理工作适用于本规定。

第三条 原国家质量监督检验检疫总局（以下简称国家质检总局）主管全国特种设备事故告、调查和处理工作。县以上地方质量技术监督部门负责本行政区域内的特种设备事故报告、调查和处理工作。

第四条 事故报告应当及时、准确、完整，任何单位和个人对事故不得迟报、漏报、谎报或者瞒报。

事故调查和处理工作必须坚持实事求是、客观公正、尊重科学的原则，及时、准确地查清事故经过、事故原因和事故损失，查明事故性质，认定事故责任，提出处理和整改措施，并对事故责任单位和责任人员依法追究责任。

第五条 任何单位和个人不得阻挠和干涉特种设备事故报告、调查和处理工作。

对事故报告、调查和处理中的违法行为，任何单位和个人有权向各级质量技术监督部门或者有关部门举报。接到举报的部门应当依法及时处理。

第六条 本规定所称特种设备事故，是指因特种设备的不安全状态或者相关人员的不安全行为，在特种设备制造、安装、改造、维修、使用（含移动式压力容器、气瓶充装）、检验检测活动中造成的人员伤亡、财产损失、特种设备严重损坏或者中断运行、人员滞留、人员转移等突发事件。

第七条 按照《特种设备安全监察条例》的规定，特种设备事故分为特别重大事故、重大事故、较大事故和一般事故。

第八条 下列情形不属于特种设备事故：

（一）因自然灾害、战争等不可抗力引发的；

（二）通过人为破坏或者利用特种设备等方式实施违法犯罪活动或者自杀的；

（三）特种设备作业人员、检验检测人员因劳动保护措施缺失或者保护不当而发生坠落、中毒、窒息等情形的。

第九条 因交通事故、火灾事故引发的与特种设备相关的事故，由质量技术监督部门配合有关部门进行调查处理。经调查，该事故的发生与特种设备本身或者相关作业人员无关的，不作为特种设备事故。

非承压锅炉、非压力容器发生事故，不属于特种设备事故。但经本级人民政府指定，质量技术监督部门可以参照本规定组织进行事故调查处理。

房屋建筑工地和市政工程工地用的起重机械、场（厂）内专用机动车辆，在其安装、使用过程中发生的事故，不属于质量技术监督部门组织调查处理的特种设备事故。

第十条 发生特种设备事故后，事故现场有关人员应当立即向事故发生单位负责人报告；事故发生单位的负责人接到报告后，应当于 1 小时内向事故发生地的县以上质量技术监督部门和有关部门报告。

情况紧急时，事故现场有关人员可以直接向事故发生地的县以上质量技术监督部门报告。

第十二条 报告事故应当包括以下内容：

（一）事故发生的时间、地点、单位概况以及特种设备种类；

（二）事故发生初步情况，包括事故简要经过、现场破坏情况、已经造成或者可能造成的伤亡和涉险人数、初步估计的直接经济损失、初步确定的事故等级、初步判断的事故原因；

（三）已经采取的措施；

（四）报告人姓名、联系电话；

（五）其他有必要报告的情况。

第十五条 事故发生单位的负责人接到事故报告后，应当立即启动事故应急预案，采取有效措施，组织抢救，防止事故扩大，减少人员伤亡和财产损失。

……

第十八条 发生特种设备事故后，事故发生单位及其人员应当妥善保护事故现场以及相关证据，及时收集、整理有关资料，为事故调查做好准备；必要时，应当对设备、场地、资料进行封存，由专人看管。

因抢救人员、防止事故扩大以及疏通交通等原因，需要移动事故现场物件的，负责移动的单位或个人应当做好有关记录，妥善保存现场重要痕迹和物证。有条件的，应当现场制作视听资料。

事故调查期间，任何单位和个人不得擅自移动事故相关设备，不得毁灭相关资料、伪造者故意破坏事故现场。

第二十八条 ……

事故发生单位的负责人和有关人员在事故调查期间不得擅离职守，应当随时接受事故调查组的询问，如实提供有关情况或者资料。

第三十条 ……

事故调查组根据当事人行为与特种设备事故之间的因果关系以及在特种设备事故中的影响程度，认定当事人所负的责任。当事人所负的责任分为全部责任、主要责任和次要责任。

当事人伪造或者故意破坏事故现场、毁灭证据、未及时报事故等，致使事故责任无法认定的，应当承担全部责任。

　　第三十四条　依照《特种设备安全监察条例》的规定，省级质量技术监督部门组织的事故调查，其事故调查报告报省级人民政府批复，并报国家质检总局备案；市级质量技术监督部门组织的事故调查，其事故调查报告报市级人民政府批复，并报省级质量技术监督部门备案。

　　国家质检总局组织的事故调查，事故调查报告的批复按照国务院有关规定执行。

　　第三十七条　事故发生单位应当落实事故防范和整改措施。防范和整改措施的落实情况应当接受工会和职工的监督。

　　事故发生地质量技术监督部门应当对事故责任单位落实防范和整改措施的情况进行监督检查。

　　第四十四条　发生特种设备特别重大事故，依照《生产安全事故报告和调查处理条例》的有关规定实施行政处罚和处分；构成犯罪的，依法追究刑事责任。

　　第四十五条　发生特种设备重大事故及其以下等级事故的，依照《特种设备安全监察条例》的有关规定实施行政处罚和处分；构成犯罪的，依法追究刑事责任。

　　第四十六条　发生特种设备事故，有下列行为之一，构成犯罪的，依法追究刑事责任；构成有关法律法规规定的违法行为的，依法予以行政处罚；未构成有关法律法规规定的违法行为的，由质量技术监督部门等处以 4000 元以上2 万元以下的罚款：

　　（一）伪造或者故意破坏事故现场的；

　　（二）拒绝接受调查或者拒绝提供有关情况或者资料的；

　　（三）阻挠、干涉特种设备事故报告和调查处理工作的。

　　2. 《特种设备作业人员监督管理办法》的相关规定

　　《特种设备作业人员监督管理办法》于 2005 年 1 月 10 日以原国家质量监督检验检疫总局令第 70 号公布，自 2005 年 7 月 1 日起施行。2011 年 5 月 3 日《国家质量监督检验检疫总局关于修改〈特种设备作业人员监督管理办法〉的决定》以原国家质量监督检验检疫总局令第 140 号公布，自 2011 年 7 月 1 日起施行。电梯安全管理相关规定摘录如下：

　　第二条　……电梯……等特种设备的作业人员及其相关管理人员统称特种设备作业人员。特种设备作业人员作业种类与项目目录由原国家质量监督检验检疫总局统一发布。

从事特种设备作业的人员应当按照本办法的规定，经考核合格取得《特种设备作业人员证》，方可从事相应的作业或者管理工作。

第四条 申请《特种设备作业人员证》的人员，应当首先向省级质量技术监督部门指定的特种设备作业人员考试机构（以下简称考试机构）报名参加考试。

第五条 特种设备生产、使用单位（以下统称用人单位）应当聘（雇）用取得《特种设备作业人员证》的人员从事相关管理和作业工作，并对作业人员进行严格管理。

特种设备作业人员应当持证上岗，按章操作，发现隐患及时处置或者报告。

第十条 申请《特种设备作业人员证》的人员应当符合下列条件：

（一）年龄在18周岁以上；

（二）身体健康并满足申请从事的作业种类对身体的特殊要求；

（三）有与申请作业种类相适应的文化程度；

（四）具有相应的安全技术知识与技能；

（五）符合安全技术规范规定的其他要求。

作业人员的具体条件应当按照相关安全技术规范的规定执行。

第十一条 用人单位应当对作业人员进行安全教育和培训，保证特种设备作业人员具备必要的特种设备安全作业知识、作业技能和及时进行知识更新。作业人员未能参加用人单位培训的，可以选择专业培训机构进行培训。

作业人员培训的内容按照国家质检总局制定的相关作业人员培训考核大纲等安全技术规范执行。

第十二条 符合条件的申请人员应当向考试机构提交有关证明材料，报名参加考试。

第十九条 持有《特种设备作业人员证》的人员，必须经用人单位的法定代表人（负责人）或者其授权人雇（聘）用后，方可在许可的项目范围内作业。

第二十条 用人单位应当加强对特种设备作业现场和作业人员的管理，履行下列义务：

（一）制订特种设备操作规程和有关安全管理制度；

（二）聘用持证作业人员，并建立特种设备作业人员管理档案；

（三）对作业人员进行安全教育和培训；

（四）确保持证上岗和按章操作；

（五）提供必要的安全作业条件；

（六）其他规定的义务。

用人单位可以指定一名本单位管理人员作为特种设备安全管理负责人，具体负责前款规定的相关工作。

第二十一条 特种设备作业人员应当遵守以下规定：

（一）作业时随身携带证件，并自觉接受用人单位的安全管理和质量技术监督部门的监督检查。

（二）积极参加特种设备安全教育和安全技术培训；

（三）严格执行特种设备操作规程和有关安全规章制度；

（四）拒绝违章指挥；

（五）发现事故隐患或者不安全因素应当立即向现场管理人员和单位有关负责人报告；

（六）其他有关规定。

第二十二条 《特种设备作业人员证》每4年复审一次。持证人员应当在复审期届满3个月前，向发证部门提出复审申请。对持证人员在4年内符合有关安全技术规范规定的不间断作业要求和安全、节能教育培训要求，且无违章操作或者管理等不良记录、未造成事故的，发证部门应当按照有关安全技术规范的规定准予复审合格，并在证书正本上加盖发证部门复审合格章。

复审不合格、逾期未复审的，其《特种设备作业人员证》予以注销。

第二十三条 有下列情形之一的，应当撤销《特种设备作业人员证》：

（一）持证作业人员以考试作弊或者以其他欺骗方式取得《特种设备作业人员证》的；

（二）持证作业人员违反特种设备的操作规程和有关的安全规章制度操作，情节严重的；

（三）持证作业人员在作业过程中发现事故隐患或者其他不安全因素未立即报告，情节严重的；

（四）考试机构或者发证部门工作人员滥用职权、玩忽职守、违反法定程序或者超越发证范围考核发证的；

（五）依法可以撤销的其他情形。

违反前款第（一）项规定的，持证人3年内不得再次申请《特种设备作业人员证》。

第二十四条 《特种设备作业人员证》遗失或者损毁的，持证人应当及时报告发证部门，并在当地媒体予以公告。查证属实的，由发证部门补办证书。

第二十五条 任何单位和个人不得非法印制、伪造、涂改、倒卖、出租或者出借《特种设备作业人员证》。

第三十条　申请人隐瞒有关情况或者提供虚假材料申请《特种设备作业人员证》的，不予受理或者不予批准发证，并在 1 年内不得再次申请《特种设备作业人员证》。

第三十一条　有下列情形之一的，责令用人单位改正，并处 1000 元以上 3 万元以下罚款：

（一）违章指挥特种设备作业的；

（二）作业人员违反特种设备的操作规程和有关的安全规章制度操作，或者在作业过程中发现事故隐患或者其他不安全因素未立即向现场管理人员和单位有关负责人报告，用人单位未给予批评教育或者处分的。

第三十二条　非法印制、伪造、涂改、倒卖、出租、出借《特种设备作业人员证》，或者使用非法印制、伪造、涂改、倒卖、出租、出借《特种设备作业人员证》的，处 1000 元以下罚款；构成犯罪的，依法追究刑事责任。

第三十六条　特种设备作业人员未取得《特种设备作业人员证》上岗作业，或者用人单位未对特种设备作业人员进行安全教育和培训的，按照《特种设备安全监察条例》第八十六条的规定对用人单位予以处罚。

第三十九条　本办法不适用于从事房屋建筑工地和市政工程工地起重机械作业及其相关管理的人员。

3. 《特种设备现场安全监督检查规则》的相关规定

《特种设备现场安全监督检查规则》由原国家质量监督检验检疫总局于 2015 年 1 月 7 日以《质检总局关于发布（特种设备现场安全监督检查规则）的公告》（2015 年第 5 号）发布。电梯安全管理相关规定摘录如下：

第一条　为督促特种设备生产、经营和使用单位落实安全主体责任，加强特种设备安全监督检查工作并建立长效机制，同时规范现场安全监督检查行为，根据《特种设备安全法》和《特种设备安全监察条例》，制定本规则。

第二条　本规则适用于原国家质量监督检验检疫总局（以下简称质检总局）和省以下各级负责特种设备安全监督管理的部门（以下简称监管部门）对特种设备生产（含设计、制造、安装、改造、修理，下同）、经营（含销售、出租、进口）和使用单位（含气瓶、移动式压力容器充装单位，下同）实施的安全监督检查。

本规则不适用于许可实施机关对取得生产许可单位开展的监督抽查，以及特种设备事故调查处理工作。

第三条 特种设备现场安全监督检查分为日常监督检查和专项监督检查。

日常监督检查，是指按照本规则规定的检查计划、检查项目、检查内容，对被检查单位实施的监督检查。

专项监督检查，是指根据各级人民政府及其所属有关部门的统一部署，或由各级监管部门组织的，针对具体情况，在规定的时间内，对被检查单位的特定设备或项目实施的监督检查。

第四条 实施特种设备现场安全监督检查时，应当有 2 名以上持有特种设备安全行政执法证件的人员参加；根据需要，可以邀请有关技术人员参与检查（以下统称检查人员）。

第五条 对特种设备生产单位的日常监督检查，由省、自治区、直辖市监管部门（以下简称省级监管部门）根据风险情况提出当年检查重点，由市级监管部门（包括副省级市、地级市、自治州、盟、直辖市的辖区或县的监管部门，以下简称市级监管部门）结合当地实际制定检查计划，报同级人民政府后组织实施。

第六条 特种设备生产单位的日常监督检查，应当重点安排对以下单位进行检查：

（一）取得许可资质未满 1 年的；

（二）近 2 年发生过特种设备事故的；

（三）近 2 年发生过因产品缺陷实施强制召回的；

（四）举报投诉较多且经确认属实的，以及检验、检测机构和鉴定评审机构等反映质量和安全管理较差的。

第七条 对特种设备使用单位的日常监督检查，由市级监管部门根据风险情况确定当年检查的重点和检查单位数量，制定计划并报同级人民政府，由市、县（含县级市、上述市级下辖的区和县，下同）级监管部门按计划分级组织实施。

其中，属于重点监督检查的特种设备使用单位，每年日常监督检查次数不得少于 1 次。

第八条 重点监督检查的特种设备使用单位目录，由市级监管部门参照以下因素确定：

（一）学校、幼儿园以及医院、车站、客运码头、商场、体育场馆、展览馆、公园等公众聚集场所的特种设备使用单位；

（二）近 2 年发生过特种设备事故的特种设备使用单位；

（三）市、县级监管部门认为有必要实施重点监督检查的特种设备使用单位。

第九条　对特种设备生产和使用单位的日常监督检查计划以及当年重点监督检查的特种设备使用单位目录，应报省级监管部门备案。

第十条　日常监督检查的项目和内容，按照《特种设备生产单位现场安全监督检查项目表》（附件 B）、《特种设备使用单位现场安全监督检查项目表》（附件 B）的规定执行。

其中，对在用特种设备安全状况的检查实行抽查方式，对一个使用单位，至少抽查 1 台（套）在用特种设备。

第十一条　特种设备专项监督检查包括：

（一）重点时段监督检查。根据国家或地区重大活动及节假日的安全保障需要，针对特定单位、设备和项目开展的监督检查。

（二）专项整治监督检查。根据安全生产形势、近期发生的典型事故或连续发生同类事故的隐患整治等需要，由各级人民政府及其所属有关部门统一部署，或由各级监管部门自行组织的，对特定的设备或项目实施的监督检查。

（三）其他专项监督检查。针对特种设备检验、检测机构报告的重大问题或投诉举报反映的问题等实施的监督检查。

第十二条　特种设备检验、检测机构实施监督检验和定期检验时，发现以下重大问题之一的，应当及时书面告知受检单位，并书面报告所在地的县或者市级监管部门：

（一）特种设备生产单位重大问题：

1.未经许可从事相应生产活动的；

2.不再符合许可条件的；

3.拒绝监督检验的；

4.产品未经监督检验合格擅自出厂或者交付用户使用的。

（二）特种设备使用单位重大问题：

1.使用非法生产特种设备的；

2.超过特种设备的规定参数范围使用的；

3.使用应当予以报废的特种设备的；

4.使用超期未检、经检验检测判为不合格且限期未整改的或复检不合格特种设备的。

第十三条　特种设备专项监督检查由各级监管部门按照职责权限实施：

（一）重点时段监督检查和专项整治监督检查，由各级监管部门按照统一部署实施。

（二）对检验、检测机构报告的重大问题，需要实施现场监督检查的，由县级监管部门实施。未设立县的地方，由市级监管部门实施。监管部门接到报告后应当在 5 个工作日内进行检查。

（三）针对投诉举报的内容，需要实施现场监督检查的，由接到投诉举报的监管部门或者由其通知下级监管部门在 5 个工作日内派出检查人员进行检查。

第十四条 专项监督检查的项目和内容按照以下要求确定：

（一）重点时段监督检查和专项整治监督检查，检查设备的种类和数量、检查项目和内容，应当按照相应部署的具体要求执行，如无专门明确的，参照日常监督检查的检查项目和内容执行。

（二）对检验、检测机构报告的重大问题或针对投诉举报开展的专项监督检查的检查项目和内容，由实施检查的监管部门根据报告和投诉举报反映的情况确定。

第十五条 特种设备现场安全监督检查实行抽查方式。

其中，专项整治监督检查在市、县级监管部门抽查实施前，应当部署特种设备相关生产、经营和使用单位按照相应检查要求开展自查自纠；重点时段监督检查各级监管部门的相关负责人应当带队参加。

第十六条 特种设备现场监督检查程序主要包括：出示证件、说明来意、现场检查、做出记录、交换检查意见、下达安全监察指令书、采取查封扣押措施等。

第十七条 检查人员在监督检查中，应当遵守相关的安全管理要求，保证自身安全。

第十八条 检查人员有权行使《特种设备安全法》第六十一条规定的如下职权。

（一）进入现场进行检查，向特种设备生产、经营、使用单位主要负责人和其他有关人员调查、了解有关情况；

（二）根据举报或者取得的涉嫌违法证据，查阅、复制特种设备生产、经营、使用单位的有关合同、发票、账簿以及其他有关资料；

（三）对有证据表明不符合安全技术规范要求或者存在严重事故隐患的特种设备实施查封、扣押；

（四）对流入市场的达到报废条件或者已经报废的特种设备实施查封、扣押；

（五）对违反《特种设备安全法》《特种设备安全监察条例》和特种设备

地方性法规，以及其他特种设备行政规章规定的行为作出行政处罚决定。

被检查单位因故不能提供有关书证材料的，检查人员可以书面通知被检查单位后补。

被检查单位无正当理由拒绝检查人员进入特种设备生产、使用场所检查，对现场监督检查不予配合，拖延、阻碍正常检查，可以认定为拒不接受依法实施的监督检查，应当依据《特种设备安全法》第九十五条的规定予以处罚。

第十九条　检查人员将检查中发现的主要问题、处理措施等信息汇总后，填写《特种设备安全监督检查记录》（附件 B）。

检查记录应当由被检查单位参加人员和检查人员双方签字。签字前，检查人员应当就检查情况与被检查单位参加人员交换意见。

第二十条　被检查单位拒绝签字的，检查人员可以记录在案；拒绝签收相关执法文书的，可以采取留置、邮寄、公告等方式进行送达。有条件的，可以采取邀请第三方作证、照相、录音、摄像等方式取证。

第二十一条　检查时发现违反《特种设备安全法》和《特种设备安全监察条例》规定和安全技术规范要求的行为或者特种设备存在事故隐患时，检查人员应当下达《特种设备安全监察指令书》（附件 B），责令被检查单位立即或者限期采取必要措施予以改正，消除事故隐患。

第二十二条　监管部门的检查人员通过特种设备动态监管信息化系统或者特种设备检验、检测机构的报告，发现特种设备生产、使用单位存在违法、违规行为或者事故隐患的，可以不经过现场监督检查直接下达《特种设备安全监察指令书》。

第二十三条　实施现场安全监督检查中，发现特种设备或其主要部件存在以下情形之一，应当予以查封或者扣押：

（一）在用特种设备存在本规则第十二条第二款规定的情形之一的；

（二）有证据表明生产、经营、使用的特种设备或者其主要部件不符合安全技术规范的要求；

（三）使用经责令整改而未予整改的特种设备；

（四）特种设备发生事故不予报告而继续使用的。

当场能够整改的，可以不予查封、扣押。

在用特种设备因连续性生产工艺及其他客观原因不能实施现场查封、扣押的，可由被检查单位在检查记录上说明情况，注明其间采取的保障安全的措施，暂不实施查封、扣押并履行本规则第二十八条规定职责，待相应设备能够停用后予以查封、扣押。其间发生事故的，由被检查单位承担责任。

第二十四条　对特种设备实施查封或扣押前，检查人员应当事先向本监管部门负责人报告，并取得同意。

第二十五条　查封、扣押的期限不得超过 30 天。因案情复杂等情况，需要延长查封、扣押期限的，经监管部门负责人批准，可以延长，但是延长期限不得超过 30 天。

第二十六条　被检查单位在用特种设备存在以下严重事故隐患，经现场报告本监管部门负责人同意，检查人员可以下达《特种设备安全监察指令书》责令使用单位停止使用特种设备：

（一）使用未取得许可生产，未经检验或者检验不合格的特种设备，或者国家明令淘汰、已经报废的特种设备的；

（二）特种设备出现故障或者发生异常情况，未对其进行全面检查、消除事故隐患，继续使用的；

（三）特种设备存在严重事故隐患，无改造、修理价值，或者达到安全技术规范规定的其他报废条件，未依法履行报废义务，并办理使用登记证书注销手续的。

第二十七条　检查提出整改要求的，检查人员应当在被检查单位提交整改报告后 5 个工作日之内，或者被检查单位未提交整改报告、整改期限届满后 3 个工作日之内对隐患整改情况进行复查。复查可以通过现场检查、材料核查等形式实施。

复查的现场检查程序按照本章上述规定进行。

第二十八条　监督检查中发现下列情形之一的，需要当地人民政府和有关部门支持、配合的，监管部门应当及时以书面形式报告同级人民政府或者通知有关部门：

（一）拒绝接受检查的违法行为；

（二）被检查单位对严重事故隐患不予整改或者消除的；

（三）出现第二十三条情形但按该条最后一款规定暂不实施查封、扣押的；

（四）存在区域性或者普遍性的严重事故隐患。

发现本条第（四）项情形的，应当及时书面报告上一级监管部门。

接到报告的人民政府和其他有关部门对上述情形依法采取必要措施及时处理时，监管部门应当积极予以配合。

第二十九条　监督检查中发现依法应当撤销、吊销或者暂停许可的违法行为的，实施检查的监管部门应当及时向许可实施机关通报，并附相关证据材料复印件。

第三十条　接到第二十八条、第二十九条报告或通报的监管部门或许可实施机关，应当对所报告的问题及时按照以下规定办理：

（一）对存在区域性或者普遍性严重事故隐患的，接到报告的监管部门应当指导下一级监管部门依法采取相应措施，同时在辖区内组织排查、整治，必要时应当报告上一级监管部门直至质检总局。

（二）对依法应当撤销、吊销或者暂停许可的违法行为，依法启动相应处理程序。

第三十一条　发现被检查单位依法应予以行政处罚的，按照《质量技术监督行政处罚程序规定》办理。其中，撤销、吊销、暂停许可案件由许可实施机关办理，其他立案处罚案件可以移交监管部门专职执法机构承办。

承办特种设备违法案件的机构，负责对隐患整改情况进行复查，必要时可约请相关机构给予配合。

第三十二条　发现被检查单位或者人员涉嫌构成犯罪的，应当按照《行政执法机关移送涉嫌犯罪案件的规定》，移送公安机关调查处理。

第三十三条　检查时发现特种设备检验、检测机构，鉴定评审机构、作业人员考试机构存在违法、违规行为的，应当按照有关规定予以处理。

第三十四条　对特种设备出租单位的监督检查参照使用单位的监督检查规定实施。对特种设备销售和进口单位，一般仅安排针对投诉举报开展的专项监督检查。

第三十五条　除本规则所附专用文书外，检查使用的调查笔录、通知书、查封扣押文书、封条、续页、案件移送书、送达回证等其他文书，应采用监管部门统一执法文书。

第三十六条　检查人员应当在检查及整改结束后，将检查信息录入特种设备动态监管信息化系统。

第三十七条　检查收集的资料、制作的各类文书等证据，应当及时立卷存档。

第三十八条　本规则由质检总局负责解释。

第三十九条　本规则自印发之日起施行。2007 年质检总局印发的《特种设备现场安全监督检查规则（试行）》和《特种设备重点监控工作要求》（国质检特函〔2007〕910 号）同时废止。

知识梳理

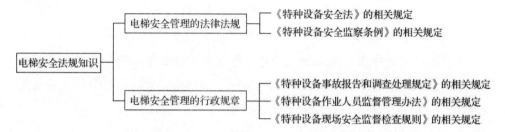

自我检测

一、填空题

1.根据《特种设备安全法》的相关规定，特种设备发生_____，由国务院或者国务院授权有关部门组织事故调查组进行调查。

2.根据《特种设备安全法》的相关规定，特种设备出厂时，未按照安全技术规范的要求随附相关技术资料和文件的，责令限期改正；逾期未改正的，责令停止制造、销售，处_____罚款；有违法所得的，没收违法所得。

3.根据《特种设备安全法》的相关规定，对较大事故发生负有责任的单位的主要负责人未依法履行职责或者负有领导责任的，处上一年年收入_____的罚款。

4.《特种设备安全监察条例》规定，特种设备出厂时，未按照安全技术规范的要求附有设计文件、产品质量合格证明、安装及使用维修说明、监督检验证明等文件的，由特种设备安全监督管理部门责令改正；情节严重的，责令停止生产、销售，处违法生产、销售货值金额_____以下罚款。

5.按照《特种设备安全监察条例》的规定，特种设备事故分为_____、_____、_____和_____。

6.《特种设备作业人员监督管理办法》规定，申请《特种设备作业人员证》的人员应当符合年龄在_____岁以上。

7.《特种设备作业人员监督管理办法》规定，特种设备作业人员应当积极参加特种设备_____和_____。

二、单选题

1.《特种设备安全监察条例》规定，锅炉、压力容器、电梯、起重机械、客运索道、大型游乐设施的安装、改造、维修以及场（厂）内专用机动车辆的改造、维修竣工后，安装、改造、维修的施工单位（　　）将有关技术资料移交使用单位。

A.应当在验收后 30 日内　　　　B.应当在验收时

C.应当在验收后 60 日内　　　　D.应当在验收前

2.特种设备使用单位未依照《特种设备安全监察条例》的规定，对在用特种设备的安全保护装置进行定期校验、检修，并作出记录的，由特种设备安全监督管理部门责令改正，逾期未改正的，处（　　）罚款。

A.1000 元以上 5000 元以下　　　B.5000 元以上 1 万元以下

C.2 万元以上 5 万元以下　　　　D.2000 元以上 2 万元以下

3.《特种设备安全监察条例》规定，特种设备存在严重事故隐患，无改造、维修价值，特种设备使用单位未予以报废，并向原登记的特种设备安全监督管理部门办理注销的，由特种设备安全监督管理部门责令限期改正；逾期未改正的，处（　　）罚款。

A.2 万元以上 5 万元以下　　　　B.1000 元以上 5000 元以下

C.2000 元以上 2 万元以下　　　　D.5 万元以上 20 万元以下

4.《特种设备安全监察条例》规定，特种设备使用单位应当对在用特种设备的安全附件进行（　　）、检修，并作出记录。

A.定期检查　　　B.定期更换　　　C.定期修理　　　D.定期校验

5.《特种设备安全监察条例》规定，特种设备安全监督管理部门对特种设备使用单位进行安全监察时，发现在用的特种设备存在事故隐患、不符合能效指标的，应当以书面形式发出特种设备（　　），责令有关单位及时采取措施，予以改正或者消除事故隐患。

A.安全检查指令　　　　　　　B.安全检验指令

C.安全监察指令　　　　　　　D.检验检测指令

6.《特种设备安全监察条例》规定，有关机关应当按照批复，依照法律、行政法规规定的权限和程序，对事故责任单位和有关人员进行（　　），对负有事故责任的国家工作人员进行处分。

A.经济处罚　　　B.法律处罚　　　C.行政处罚　　　D.纪律处分

7.《特种设备安全监察条例》规定，特种设备不符合能效指标的，特种设备使用单位应当（　　）。

A.停止使用　　　　　　　　　B.对其进行全面检查

C.维修　　　　　　　　　　　D.采取相应措施进行整改

8.《特种设备安全监察条例》规定，特种设备使用单位的主要负责人在本单位发生特种设备事故时，不立即组织抢救或者在事故调查处理期间擅离职守或者逃匿的，对主要负责人，由特种设备安全监督管理部门处（　　　）罚款。

A.1000 元以上 5000 元以下　　　B.4000 元以上 2 万元以下

C.2000 元以上 2 万元以下　　　D.2 万元以上 5 万元以下

三、判断题

1.《特种设备安全监察条例》规定，国家强制特种设备节能技术的研究、开发、示范和推广，促进特种设备节能技术创新和应用。（　　　）

2.《特种设备安全监察条例》规定，特种设备的检验分为监督检验、定期检验两类。（　　　）

3.《特种设备安全监察条例》没规定，特种设备使用单位应当对在用特种设备进行经常性日常维护保养。（　　　）

4.国务院制定《特种设备安全监察条例》是为了加快经济发展。（　　　）

5.《特种设备安全监察条例》规定，特种设备安全监督管理部门和行政监察等有关部门应当为举报人保密。（　　　）

参考答案

6.按《特种设备安全监察条例》规定，特种设备安全监督管理部门应当制定特种设备应急预案。（　　　）

模块 2　电梯生产安全模块

学习任务 2.1　安全生产的基础知识

学习目标

1）掌握电梯安全生产的原则。

2）了解电梯安全生产的定律和法则。

3）养成认真负责、严谨细致的工作态度和工作作风，以及规范操作的职业习惯。

案例导入

2020年11月14日，某电梯公司在给某小区安装电梯期间，电梯安装队长薛某为了赶工程进度，在该公司其他两名安装人员不在场的情况下，私自聘用未经岗前安全培训且不具备相应素质能力的农民工吕某、蒋某，采用钢管及扣件私自搭建了不符合操作规范的简易顶层作业平台，用来安装电梯对重块。

案例

15日7时许，3人进入26层电梯安装现场进行施工。3人在向电梯对重架内安放对重块时，由于超过了搭建的简易操作平台的核载能力，操作平台的钢管发生弯曲变形，导致操作台失衡，向电梯井道内侧翻。站在操作平台上的3人坠落至地坑，一人当场死亡，两人经抢救无效死亡。经查，3名安装人员均未系安全带和安全绳，且操作平台未设置任何加固措施。

思考：发生以上事故的原因是什么？

知识准备

安全生产理念：以人为本，坚持安全发展。

安全生产方针：安全第一，预防为主，综合治理。

安全生产机制：生产经营单位负责，职工参与，政府监管，行业自律，社会监督。

2.1.1 电梯安全生产的原则

1. 安全生产"三不违"原则

"三违"是事故的根源，是安全的大敌，违章指挥等于杀人（图 2-1-1），违章作业等于自杀。

1）不违章指挥：领导在安排、指挥、监督生产作业时，不能违反安全生产的规章制度。

2）不违章作业：是指操作人员在操作过程中严格遵守岗位安全操作规程，杜绝违章作业。

3）不违反劳动纪律：是指不违反工艺纪律和劳动纪律，包括正常穿戴劳动保护用品、不在禁烟场所吸烟、不擅自离岗等。

图 2-1-1　违章指挥

2. 安全生产"四不伤害"原则（表2-1-1）

表2-1-1 安全生产"四不伤害"原则

"四不伤害"原则	定义	有效措施
不伤害自己（图2-1-2）	要提高自我保护意识,不能由于自己的疏忽、失误而使自己受到伤害	1）工作前应该多思考一下,我是否了解这项任务？我的责任是什么？我是否具备完成这项工作的技能？ 2）这项工作有什么不安全的因素？万一有故障我该怎么办？ 3）我应该怎样防止失误？ 4）身体、精神保持良好状态,不做与工作无关的事情。 5）劳动着装齐全,劳动防护用品符合岗位要求。 6）注意现场安全标识,不违章作业,拒绝违章指挥。 7）对作业现场危险有害因素进行辨识
不伤害他人（图2-1-3）	我的行为后果,不能给他人造成伤害,不能使他人处于危险境地	1）自觉遵守劳动纪律,遵章守纪,正确操作。 2）多人作业时要相互配合,要顾及他人的安全。 3）工作后不要留下隐患。 4）检修完设备后,未将拆除或移开的盖板、防护罩等设施恢复正常,就可能使他人受到伤害。 5）动火作业完毕后现场未清理,残留火种可能引发火情。 6）高处作业时,工具或材料等物品放置稳妥；动火作业完毕后清理现场,杜绝残留火种可能引发的火灾。 7）机械设备运行过程中,操作人员未经允许不得擅自离开工作岗位,以免其他人误触开关,造成伤害等。 8）拆装电气设备时,电线路接头应按规定包扎好,以免他人触电。 9）起重作业要遵守"十不吊"[①]；电气焊作业要遵守"十不焊"[②]；电工作业要遵守电气安全规程等。 10）离岗后对作业现场进行仔细观察,做到工完场清,不给他人留下安全隐患
不被他人伤害(图2-1-4)	每个人都要加强自我防范意识,工作中要避免他人的过失行为或作业环境及其他隐患对自己造成伤害	1）拒绝违章指挥,提高防范意识,保护自己。 2）注意观察作业现场周围不安全因素,要加强警觉,一旦发现险情,要及时制止和纠正他人的不安全行为,并及时消除险情。 3）要避免因他人失误、设备状态不良、管理缺陷等留下的隐患给自己带来的伤害。如发生危险性较大的中毒事故等,没有可靠的安全措施不得进入危险场所,以免盲目施救,自己被伤害。 4）交叉作业时,要预料他人对自己可能造成的伤害,做好防范措施。检修电气设备时必须先验电,要防范他人误送电等。 5）设备缺失安全保护装置或附件时,员工应及时向主管报告,并及时予以处理。 6）在危险性大的岗位（如高空作业、交叉作业等）,必须设有专人监护。 7）一旦发现"三违"现象,必须敢于抵制,及时果断处理隐患并报告,如果想着"事不关己",不及时制止,一旦发生事故,就有可能危及自己

续表

"四不伤害"原则	定义	有效措施
保护他人不被伤害（图2-1-5）	作为组织的一员，有关心、爱护他人的责任和义务，不仅要注意安全，还要保护团队及其他人员不受伤害	1）任何人在任何地方发现任何事故隐患都要主动告知或提示他人。 2）提示他人遵守各项规章制度和安全操作规程。 3）提出安全建议，互相交流，向他人传递有用的信息。 4）视安全为集体荣誉，为团队贡献安全知识，与其他人分享经验。 5）关注他人身心健康，一旦发生事故，在保护自己的同时，要主动帮助身边的人摆脱困境

注：

①起重作业要遵守"十不吊"：（a）指挥信号不明、违章指挥不吊；（b）设施有缺陷、安全装置失灵不吊；（c）超载、重量不明不吊；（d）埋置物不吊；（e）工件或吊物捆绑不牢，不符合安全要求不吊；（f）歪拉斜挂工件不吊；（g）钢水、液体过满不吊；（h）吊物上站人或吊物件上放有浮置物不吊；（i）带棱角、缺口、物体无防割措施不吊；（j）光线昏暗、视线不清不吊。

②电气焊作业要遵守"十不焊"：（a）不是焊工不焊；（b）要害部位和重要场所不焊；（c）不了解周围情况不焊；（d）不了解焊接物内部情况不焊；（e）装过易燃易爆物品的容器不焊；（f）用可燃材料作保温隔音的部位不焊；（g）密闭或有压力的容器管道不焊；（h）焊接部位旁有易燃易爆品不焊；（i）附近有与明火作业相抵触的作业不焊；（j）禁火区内未办理动火审批手续不焊。

图 2-1-2　不伤害自己

图 2-1-3　不伤害他人

图 2-1-4　不被他人伤害

图 2-1-5　保护他人不被伤害

3. 事故处理"四不放过"原则

1）事故原因未查清不放过。

2）责任人员未处理不放过。

3）整改措施未落实不放过。

4）有关人员未受到教育不放过。

2.1.2　电梯安全生产的定律和法则

1. 海因里希安全法则

海因里希安全法则（图2-1-6）：每一起严重事故背后，必然有29次轻微事故和300起未遂先兆以及1000起事故隐患。因此要制服事故，重在防范，要保证安全，必须以预防为主。

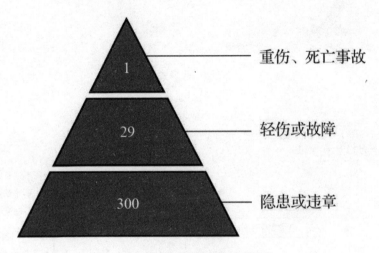

图 2-1-6　海因里希安全法则

2. 墨菲定律

墨菲定律：有可能出错的事情就会出错，只要存在发生事故的原因，事故就一定会发生，并且不管其可能性多么小，但总会发生，并造成最大可能的损失。小概率事件在一次活动中发生的可能性很小，给人一种错误的理解就是不会发生事故。与事实相反，正是由于这种错觉，麻痹了人们的安全意识，加大了事故发生的可能性，其结果是事故可能频繁发生。

3. 破窗效应

1）盲目从众心态：看见别人违章盲目照学。

2）侥幸心态：是许多违章人员在行动前的一种重要心态。

3）无所谓心态：对违章行为的不在乎，缺乏正确的安全意识，心里没有安全这根弦。

4. 不等式法则

不等式法则（图 2-1-7）：10000−1≠9999，安全是 1，位子、车子、房子、票子等都是 0，有了安全，就是 10000；没有安全，其他的 0 再多也没有意义。

图 2-1-7　不等式法则

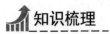 知识梳理

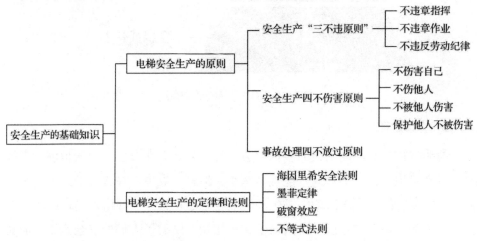

自我检测

一、填空题

1.安全生产"三不违"原则：＿＿＿＿＿＿＿、＿＿＿＿＿＿＿、＿＿＿＿＿＿。

2.安全生产"四不伤害"原则：＿＿＿＿＿＿＿＿＿＿、＿＿＿＿＿＿＿＿＿＿、

＿＿＿＿＿＿＿＿＿、＿＿＿＿＿＿＿＿＿。

3.我的行为后果，不能给他人造成伤害，不能使他人处于危险境地是

_____原则。

4.安全生产方针：_____、_____、_____。

5.看见别人违章盲目照学属于_____。

二、单选题

1.下列（　）不属于安全生产"三不违"原则。

A.不违章指挥　　　　　B.不违章作业

C.不违反劳动纪律　　　D.不违反行业规定

2.下列（　）不属于安全生产"四不伤害"原则。

A.不伤害自己　　　　　B.不伤害他人

C.不被他人伤害　　　　D.保护他人不被伤害

3.下列（　）不属于安全生产"三不违"原则。

A.不违章指挥　　　　　B.不违章作业

C.不违反劳动纪律　　　D.不违反行业规定

4.对违章行为的不在乎，缺乏正确的安全意识，心里没有安全这根弦是（　）。

A.盲目从众心态　　　　B.侥幸心态　　　　C.无所谓心态

5.（　）是指有可能出错的事情就会出错，只要存在发生事故的原因，事故就一定会发生，并且不管其可能性多么小，但总会发生，并造成最大可能的损失。小概率事件在一次活动中发生的可能性很小，给人一种错误的理解就是不会发生事故。与事实相反，正是由于这种错觉，麻痹了人们的安全意识，加大了事故发生的可能性，其结果是事故可能频繁发生。

A.海因里希安全法则　　B.墨菲定律

C.破窗效应　　　　　　D.不等式法则

三、判断题

1.起重作业要遵守"十不吊"；电气焊作业要遵守"十不焊"；电工作业要遵守电气安全规程等。（　）

2."三违"是事故的根源，是安全的大敌，违章指挥等于杀人，违章作业等于自杀。（　）

3.不伤害自己是指要提高自我保护意识，不能由于自己的疏忽、失误而使自己受到伤害。（　）

4.海因里希安全法则：每一起严重事故背后，必然有29次轻微事故和300起未遂先兆以及1000起事故隐患。（　）

5.墨菲定律：有可能出错的事情就会出错，只要存在发生事故的原因，事故就一定会发生，并且不管其可能性多么小，但总会发生，并造成最大可能的损失。（   ）

参考答案

学习任务 2.2　安全生产的事故分析

学习目标

1）了解生产事故的分类。

2）掌握事故产生的原因，并能联系生活实际进行原因分析。

3）养成规范操作的职业习惯，以及认真负责、严谨细致的工作态度和工作作风。

案例导入

案例

某工厂铸造车间配砂组老工人张某，经常早上提前上班检修混砂机内舱。某日7时20分，张某来到车间打开混砂机舱门，没有在混砂机的电源开关处挂上"有人工作，禁止合闸"的警告牌，便进入机内检修。他怕舱门开大了影响他人行走，便将舱门带到仅留有150mm的缝隙。

7时50分左右，本组配砂工人李某上班后，没有预先检查一下机内是否有人工作，便随意将舱门推上，顺手开动混砂机试车。当听到机内有人喊叫时，大惊失色，立即停机，然后与其他职工将张某救出。此时，张某头部流血不止。事故发生后，车间领导立即上报。7时55分，工厂医务人员闻讯立即赶到现场，对张某做了止血包扎，随车立即将张某送往医院救治，但由于头部受伤严重，张某经抢救无效于8时40分死亡。

思考：发生以上事故的原因是什么？

🌱 知识准备

2.2.1 生产事故的分类

1）按照致伤原因，分为物体打击、车辆伤害、机械伤害、起重伤害、触电、淹溺、灼烫、火灾、高处坠落、坍塌、冒顶片帮、透水、放炮、火药爆炸、瓦斯爆炸、锅炉爆炸、容器爆炸、其他爆炸、中毒和窒息、其他伤害。

2）轻伤：指造成职工肢体伤残，或某器官功能性或器质性轻度损伤，表现为劳动能力轻度或暂时丧失的伤害。一般指受伤职工歇工在一个工作日以上，计算损失工作日低于 105 日的失能伤害，但够不上重伤者。

3）重伤：指造成职工肢体伤残或视觉、听觉等器官受到严重损伤，一般能引起人体长期存在功能障碍，或者损失工作日等于和超过 105 日，劳动能力有重大损失的失能伤害。

4）死亡事故：指一次事故中有人死亡（含受伤后一个月内死亡）的事故。

5）虚惊事件：指未造成伤害、疾病或死亡而引起人员惊吓类的事件。

2.2.2 生产事故的原因分析

1. 不安全状态（表 2-2-1）

表 2-2-1　生产的不安全状态

不安全状态		具体内容
防护、保险、信号等装置缺乏或有缺陷	防护不当	防护罩未在适当位置 防护装置调整不当 坑道掘进、隧道开凿支撑不当，防爆装置不当 采伐、集材作业安全距离不够 放炮作业隐蔽所有缺陷 电气装置带电部分裸露 其他
	无防护（图 2-2-1）	无防护罩 无安全保险装置 无报警装置 无安全标志 无护栏或护栏损坏 电气未接地 绝缘不良 风扇无消音系统、噪声大 危房内作业 未安装防止"跑车"的挡车器或挡车栏 其他

续表

不安全状态		具体内容
设备、设施、工具、附件有缺陷	强度不够	机械强度不够 绝缘强度不够 起吊重物的绳索不合安全要求 其他
	结构不合安全要求	通道门遮挡视线 制动装置有缺陷 安全间距不够 挡车网有缺陷 工件有锋利毛刺、毛边 设施上有锋利倒刺 其他
	维修调整不良	设备失修 地面不平 保养不当、设备失灵 其他
	设备在非正常状态下运行	设备带"病"运转 超负荷运转 其他
个人防护用品用具		所用的防护用品、用具不符合安全要求 无个人防护用品、用具
生产（施工）场地环境不良	通风不良	无通风 通风系统效率低 风流短路 停电停风时放炮作业 瓦斯排放未达到安全浓度放炮作业 瓦斯超限 其他
	照明光线不良	照度不足 作业场地烟雾尘弥漫，视物不清 光线过强
	作业场地杂乱	工具、制品、材料堆放不安全 采伐时，未开"安全道" 迎门树、坐殿树、搭挂树未作处理
	其他	作业场所狭窄 操作工序设计或配置不安全 交通线路配置不安全 地面有油或其他液体 冰雪覆盖 地面有其他易滑物

图 2-2-1　无防护措施

2. 不安全行为（表 2-2-2）

表 2-2-2　生产的不安全行为

不安全行为	具体内容
操作错误、忽视安全、忽视警告	未经许可开动、关停、移动机器 开动、关停机器时未给信号 开关未锁紧，造成意外转动、通电或泄漏等 忘记关闭设备 忽视警告标志、警告信号 操作错误（指按钮、阀门、扳手、把柄等的操作） 奔跑作业 供料或送料速度过快 机械超速运转 违章驾驶机动车 酒后作业 客货混载 冲压机作业时，手伸进冲压模 工件紧固不牢 用压缩空气吹铁屑 其他
造成安全装置失效	拆除安全装置 安全装置堵塞、失去作用 调整错误，造成安全装置失效 其他
使用不安全设备（图 2-2-2）	临时使用不牢固的设施 使用无安全装置的设备 其他
手代替工具操作	用手代替手动工具 用手清除切屑 不用夹具固定，用手拿工件进行加工

续表

不安全行为	具体内容
物体的不安全状态	指成品、半成品、材料、工具、切屑和生产用品等
冒险进入危险场所（图 2-2-3）	冒险进入密闭空间作业 接近漏料处（无安全设施） 采伐、集材、运材、装车时，未离危险区 未经安全监察人员允许进入油罐或井中 未"敲帮问顶"开始作业 冒进信号 调车场超速上下车 易燃易爆场合明火 私自搭乘矿车 在绞车道行走 未及时瞭望
攀、坐不安全位置	攀坐不安全位置（如平台护栏、汽车挡板、吊车吊钩）
忽视其使用劳保用品	未戴护目镜或面罩 未戴防护手套 未穿安全鞋 未戴呼吸护具 未戴安全帽（图 2-2-4） 其他
不安全装束	在有旋转部件的设备旁作业穿过肥大服装 操纵带有旋转部件的设备时戴手套（图 2-2-5） 其他
其他不安全行为	在起吊物下作业、停留 机器运转时加油、修理、检查、调整、焊接、清扫等工作 有分散注意力的行为 对易燃易爆物品处理错误

图 2-2-2　使用不安全设备

图 2-2-3　冒险进入危险场所

图 2-2-4　未戴安全帽

图 2-2-5　操纵带有旋转部件的设备时戴手套

📊 知识梳理

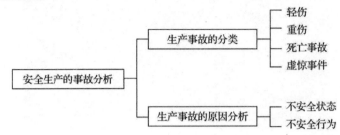

📋 自我检测

一、填空题

1.造成职工肢体伤残或视觉、听觉等器官受到严重损伤，一般能引起人体长期存在功能障碍，或者损失工作日等于和超过 105 日，劳动能力有重大损失的失能伤害的是_____。

2.生产事故的原因包括_____和_____。

3.根据《安全生产法》，生产经营单位的从业人员有依法获得安全生产_____的权利。

4.未造成伤害、疾病或死亡而引起人员惊吓类事件是_____。

5.奔跑作业、违章驾驶机动车、酒后作业、客货混载都属于_____。

二、单选题

1.按触电事故的构成方式，触电事故可分为电伤和（　　　）。

A.局部伤害　　　　B.电击　　　　C.电伤　　　　D.灼伤

2.选购的电梯产品系由有资质的生产厂家生产，具有产品（　　　）证书。

A.检验　　　　B.合格　　　　C.许可　　　　D.认可

3.生产经营单位必须对安全设备进行（　　　）。

A.经常性维护　　　　B.保养　　　　C.检测　　　　D.改造

4.根据《安全生产法》，从业人员应当接受（　　　）。

A.安全技能培训　　　　　　　　B.安全生产教育和培训

C.事故预防培训　　　　　　　　D.应急处理培训

5.根据《安全生产法》，生产经营单位的从业人员有（　　　）的权利。

A.依法获得安全生产保障　　　　B.依法获得安全生产报酬

C.依法获得安全生产补贴　　　　D.依法获得安全生产认证

三、判断题

1..死亡事故指一次事故中有人死亡（含受伤后一个月内死亡）的事故。
（   ）

2.在有旋转部件的设备旁作业穿过肥大服装。（   ）

3.机器运转时可以进行加油、修理、检查、调整、焊接、清扫等工作。（   ）

4.作业过程中在起吊物下作业、停留。（   ）

5.作业过程中操纵带有旋转部件的设备时戴手套。（   ）

参考答案

模块 3　电梯安装安全模块

学习任务 3.1　电梯安装安全操作要点

学习目标

1）掌握进入施工现场的基本要求。

2）明确乘客电梯安装作业安全要求。

3）掌握必备的基本知识和基本技能，养成求真务实、踏实严谨的工作作风。

案例导入

　　2022 年 5 月 23 日，某公司与某小区某单元业主签订合同，约定由该公司负责该单元七层七站七门电梯的销售和安装，并于 7 月 8 日向市场监督管理局告知安装。7 月 16 日，该公司通过曾经在其他电梯安装项目中合作过的包工头易某，雇用了其施工队的工人陈某、潘某，来进行该工地的施工。7 月 28 日，陈某、潘某二人来到该单元进行施工作业。14 时 30 分许，陈某在一楼，潘某在七楼，二人开始上下联动架设钢丝绳。大约 8 分钟后，钢丝绳已架设一半，陈某听到头顶传来大量配件砸下来的声音，发现潘某摔在电梯井底部，陷入昏迷，身上系有安全带，安全帽从头顶脱落飞出。

案例

　　思考：发生以上事故的原因是什么？

知识准备

为了保证在电梯安装过程中的安全，防止由于违章作业造成人身伤害事故和设备事故，提高其服务水平和服务质量，规定了在电梯安装作业过程中应遵守的行为规范。

穿戴劳动防护用品

3.1.1 一般要求

1）进入作业场所的要求如下。

①应穿戴劳动防护用品，如图 3-1-1 所示。

安全头盔	全身保险带	安全鞋	手套	工作目镜
			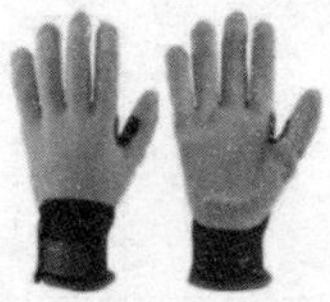	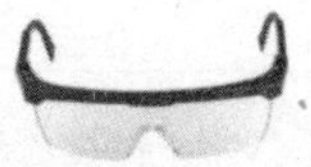

图 3-1-1　劳动防护用品

一般工具（图 3-1-2）的安全使用要求如下。

钢丝钳	尖嘴钳	斜口钳	剥线钳	套筒扳手	活扳手
				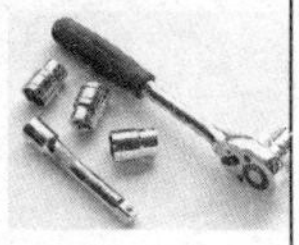	
梅花扳手	一字螺钉旋具	十字螺钉旋具	划线规	电钻	磁性线坠
	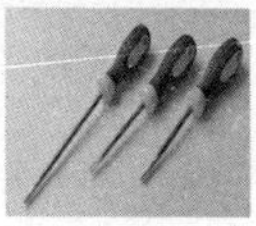	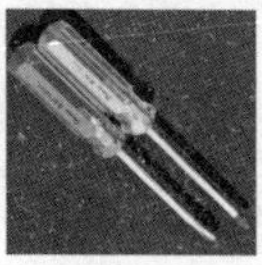			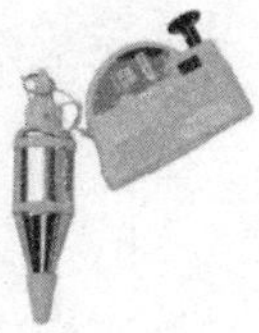

钢直尺	钢卷尺	塞尺	直尺水平仪	手提式平型砂轮	滑轮（闭口）

卷扬机		拉力计	万用表	绝缘电阻表	交流弧焊机
			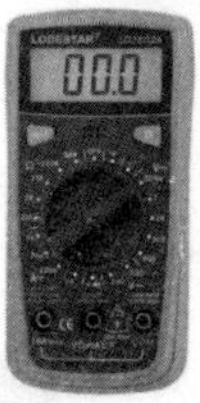		
自耦变压器		电烙铁	冲击钻	铁锤	油压千斤顶
					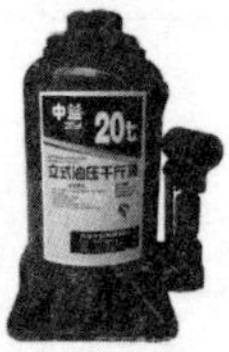

图 3-1-2　一般工具

　　a. 应保持工具处于良好的状态，有裂痕及破损的一律不许使用，不许随意加长手柄。

　　b. 不可把螺丝刀当作冲头使用。

　　c. 不可使用没有手柄的锉刀。

　　d. 不可使用没有绝缘的工具进行有电操作。

　　e. 工作时应穿戴合适的工作服、工作鞋。

　　f. 在空气中含有较多杂质的地方使用电钻、切割机、焊机浇注巴氏合金或使用化学溶剂时，要戴防护眼镜。

　　g. 在任何工地工作时，都要戴安全帽。

　　h. 工作场地高度超过 2m 时，有坠落的危险，必须使用安全带，且安全带必须牢固固定。

　　i. 破裂的安全帽、有裂纹的安全带（图 3-1-3）、不绝缘的工作鞋等个人劳保用品，不得使用。

图 3-1-3　禁止使用断股破损的安全带

②应检查设备和工作场地，排除故障和隐患。

③应确保安全防护、信号和联锁装置齐全、灵敏、可靠。

④设备应定人、定岗操作。

2）工作中，应集中精力，坚守岗位，不准擅自把自己的工作交给他人。

3）二人以上共同工作时，应有主有从，统一指挥；工作场所不准打闹、玩耍和做与本职工作无关的事。

4）严禁酒后进入工作岗位。

5）不准跨越正在运转的设备，不准横跨运转部位传递物件，不准触及运转部位（图 3-1-4）。

图 3-1-4　严禁触摸和跨越设备的运转部位

5）不准站在旋转工件或可能爆裂飞出物件、碎屑部位的正前方进行操作、调整、检查设备，不准超限使用设备机具。

6）安装作业完毕或中途停电，应及时切断安装施工用电源开关后才准离岗。

7）在修理机械、电气设备前，应在切断的动力开关处设置"有人工作，严禁合闸"的警示牌。必要时应设专人监护或采取防止电源意外接通的技术措施。非工作人员禁止摘牌合闸。一切动力开关在合闸前应细心检查，确认无人员检修后方准合闸。

8）一切电气机械设备及装置的外露可导电部分，除另有规定外，应有可靠的接地装置并保持其连通性。非电气工作人员不准安装、维修电气设备和线路。

9）注意警示标志，严禁跨越危险区，严禁攀登吊运中的物件，以及在吊物、吊臂下通过或停留（图 3-1-5）。

图 3-1-5　警示标志

10）在施工现场要设置安全遮拦和标记；应提供充足的照明，以确保安全出入以及安全的工作环境，控制开关和为便携照明提供电源的插座应安装在接近工作场所出入口的地方。

11）应保护所有的照明设备，以防机械破坏。

12）所有金属移动爬梯与地面接触部位应有绝缘材料和防滑措施。

3.1.2　乘客电梯安装作业安全要求

1. 施工前的准备工作

1）应确定项目负责人、安全管理人员和施工班组及作业人员。

2）应在认真审核图纸资料的基础上勘查施工现场，有针对性地编写施工方案和安全措施。

3）进场前应对所有施工人员进行安全交底，并做好交底记录。

2. 施工前的安全检查确认

1）应在层门口、机房入口做好安全防护和安全标志，确认其完好可靠。

2）应对电动工具、电气设备、起重设备及吊索具、安全装置等进行检查，确认其安全有效。

3）应对个人携带的安全防护用品进行检查，确认其完好齐全。

3. 现场安全作业基本要求

1）进入施工现场应佩戴安全帽，并穿工作服、工作鞋等安全防护用品。

2）施工现场严禁吸烟。

3）电焊、气焊等明火作业，应提出动火申请，得到有关部门批准后方可进行动火作业。进入井道及在 2m 以上高空作业时，应佩戴安全带，并确认安全可靠（图 3-1-6）。在层门口作业时也应佩戴安全带。

小知识：

明火作业：使用电焊、气焊和喷灯烘烤、熬炼等热工作业，在日常生产中也叫动火作业。

图 3-1-6 高空作业时应佩戴安全带

4）电动工具应在装有漏电保护开关的电源上使用，使用前应试验漏电按钮，确认漏电保护开关有效。

5）井道施工禁止上下交叉作业。

小知识：

交叉作业：两个或以上的工种在同一个区域同时施工。

6）除作业需要，层门口防护栏（门）不应打开，防护栏（门）打开时应有人监护。

7）进入井道前，应将各层门口附近的杂物清理干净，以防掉入井道伤及井道内的作业人员。安装材料应码放在层门口的两侧，不应在层门口前放置任何物品，以防落入井道。

8）严禁在井道内上下抛掷工具、零件、材料等物品。

4. 脚手架的安全使用

1）脚手架（图 3-1-7）应由专业人员搭设，并经有关部门验收后方可使用。脚手架的更改、拆除也应由专业人员完成。

图 3-1-7 脚手架

2）在每层楼作业位置设置作业平台，作业平台的脚手板应使用厚度大于50mm 的坚固干燥木板，脚手板的宽度应在 200mm 以上。工作平台上的脚手板不应少于两块。

3）脚手板应紧固在脚手架上，脚手板两端应伸出脚手架横杆 150mm 以上（图 3-1-8）。

图 3-1-8 脚手板两端应伸出脚手架横杆 150mm 以上

4）禁止在脚手架上放置材料、工具等物品。

5）应按标准规定敷设安全网（图3-1-9），随时清理脚手板及安全网上的杂物，安全网发生破损应及时更换。

图 3-1-9　应按标准规定敷设安全网

6）同一工作平台上作业的人员不应超过3人。

7）在井道工作平台上作业的人员应佩戴安全带及安全绳，并确认连接可靠。

5. 用电安全

1）施工现场用电应遵守现场用电安全的有关规程。

2）施工作业用电应从产权单位指定的电源接电，使用专用的电源配电箱，配电箱应能上锁。

3）配电箱内的开关、保险、电气设备的电缆等应与所带负荷相匹配，严禁使用其他材料代替保险丝。

4）井道作业照明应使用36V以下的安全电压，作业面应有良好的照明。

5）所有的电气设备均应在保持完好的状态下使用。

6）电焊机的地线应与所焊工件可靠连接，严禁用脚手架或建筑物钢筋代替地线。

6. 消防安全

1）电焊、气焊作业应遵守相应的安全操作规程。

2）电焊、气焊等明火作业时，应在作业处清理易燃易爆品，设置防火员，并配备灭火器。井道明火作业时，除在作业处以外，还应在最底层设置底坑防火员，并配备灭火器，作业前应清除底坑内的易燃物。

3）明火作业结束后，防火员应确认无明火和火灾隐患后方可离开。

4）存放配件的库房应配备灭火器，库房内严禁明火。

7. 联络

1）两人（含两人）以上共同作业时，应根据距离远近及现场情况确定联络方式（图 3-1-10），其目的是保证联络有效。

图 3-1-10 联络方式

2）凡需要对方配合或影响到另一方工作的，应先联络后操作。被联络人对联络人发出的联络信号应先复述，联络人对复述确认并得到对方的同意后再开始作业。

8. 机房作业安全（图 3-1-11）

图 3-1-11 机房作业

1）预留孔保护应符合以下要求：

①进入机房作业时，应将机房与井道的预留孔有效覆盖保护，防止杂物掉入井道。

②机房与井道配合作业时，应首先进行联络，确认安全后方可打开保护板。

2）曳引机吊装应符合以下要求：

①曳引机应由专业吊装人员吊装进入电梯机房，吊装人员应持有特种作业

人员（起重）证书（图3-1-12）。

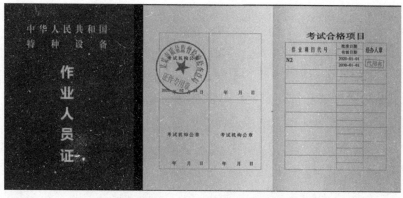

图3-1-12　中华人民共和国特种设备作业人员证

②吊装就位前应确认机房吊钩的允许负荷大于等于设计要求。

③起重装置的额定载荷应大于曳引机自重的1.5倍。

④索具应采用直径大于等于12mm的钢丝绳，钢丝绳、绳套、绳卡应符合标准要求。

⑤吊装前应确认起重吊钩防脱钩装置有效（图3-1-13）。

图3-1-13　吊装前应确认起重吊钩防脱钩装置有效

⑥索具须吊挂在曳引机的吊环上，不应随意吊挂。

⑦曳引机吊离地面30mm时，应停止起吊，观察吊钩、起重装置、索具、曳引机有无异常，确认安全后方可继续吊装。

⑧吊装时，曳引机上下均不应站人，不应有杂物。

⑨起重装置将曳引机吊停在半空时，吊装人员不应离开吊装岗位。

3）两台（含两台）以上电梯同一机房作业时，如果有已经运行的电梯，应在已运行的电梯周围。

4）两台（含两台）以上电梯共用一个机房时，电源开关与电梯的标识编号应一致，以免发生误操作。

9. 装有多台电梯井道作业安全

装有多台电梯井道作业安全应符合以下要求：

1）两台（含两台）以上电梯的井道，施工前应确认井道已经按标准封闭。

2）井道内只要有一台电梯进行明火作业，其他井道内在明火作业面以下不应有人。

3）导轨吊装、轿厢组装等起重作业时，相邻井道应暂时停止工作并退出井道，待吊装作业完成后再恢复工作。

10. 井道放样板作业安全

井道放样板作业安全应符合以下要求：

1）放样板时井道上下作业人员应保持联络畅通。

2）梯井内操作必须系安全带；上下走爬梯，不得爬脚手架；放样板工具和材料应装入工具袋中，并固定在工作平台上，确保不会坠落。如在井道中不易固定，则应在不使用时随时退出井道；物料严禁上、下抛扔。

3）底坑配合人员应在放样人员允许时方可进入底坑，并保持联络。

4）电梯施工操作用的手持电动工具必须绝缘良好，漏电保护器灵敏、有效。

11. 导轨安装作业安全（图 3-1-14）

导轨安装作业安全

图 3-1-14　导轨安装作业

导轨安装作业安全应符合以下要求：

1）焊接导轨支架和吊装导轨时，应遵守高空作业、安全用电、消防安全的有关规定。

2）安装导轨时，如需临时拆卸吊装导轨就位位置的脚手架横杆，不应同时拆卸两根（含两根）以上，且应采取防护措施，导轨就位后应立即恢复。

3）使用绳索牵拉时，绳索强度应满足要求，并由两人（含两人）以上牵拉。牵拉时应有锁紧方式。

4）使用卷扬机吊装时，卷扬机应安装牢固，并有可靠的制动装置。

5）吊装导轨时下方不准有人，操作时有专人指挥，信号要清晰、规范，操作者分工明确。

6）吊装导轨前应认真检查卷扬机、U型环、绳索等吊具，确认安全后方可使用。

7）在井道内提升导轨时，作业人员应离开井道。

8）导轨压板、连接板螺栓紧固前不应放松吊挂绳索，不得摘下卡具；导轨入榫时操作要稳，防止挤伤。

9）井道中作业必须系好安全带，穿戴好工作服和防护用品。交叉作业时一定要做好安全防护工作。

10）脚手架上不得放置杂物，导轨支架应随装随取，不得大量放置在脚手板上。

12. 层门安装作业安全

层门安装作业安全应符合以下要求：

1）层门门扇安装后，在安装门锁并起作用前，不应拆除安全围挡。

2）动用电焊、气焊时应有防火措施，并设专人看火。

3）如层门套与土建结构间缝隙大于100mm，则不应拆除安全围挡。

13. 轿厢安装作业安全

轿厢安装作业安全应符合以下要求：

1）组装轿厢之前应检查吊索、吊具。

2）手拉葫芦钢丝绳套应通过曳引绳孔挂在机房吊钩上，不应用曳引绳孔作吊挂。

3）吊装轿底、轿架、上梁等重物进入井道时，应设尾绳牵拉。

14. 对重安装作业安全

对重安装作业安全应符合以下要求：

1）吊装对重架前拆除的脚手架横杆在对重就位后应立即恢复。

2）对重架下支撑应可靠牢固。

3）搬运对重块时，应有两人同时作业。搬运过程中，对重块应扣手向下，作业人员应抓紧把牢，防止其松脱滑落。码放时，应注意轻搁轻放，以免使重块断裂。加载对重块时，应防止压手。

4）施工时应在井道中架设防护网，以防物体坠落，砸坏导靴和施工人员。

5）倒链必须带防脱钩装置，在搬运潮湿的对重块前，必须先用棉纱或干布擦干净。

15. **曳引绳安装作业安全（图 3-1-15）**

曳引轮

至对重绳头板

轿底返绳轮组上绕至曳引轮钢丝绳

对重轮

图 3-1-15　曳引绳安装作业

曳引绳安装作业安全应符合以下要求：

1）采用巴氏合金工艺的曳引绳应严格遵守明火作业的规定，在浇注巴氏合金时应十分小心，以免灼伤身体，同时必须佩戴护目镜。

2）使用砂轮机切断钢丝绳时，应佩戴护目镜。

3）进行钢丝绳作业时必须戴手套。

4）安装曳引绳时，不应将曳引绳两端同时送入井道，以免滑落到井道中。

知识梳理

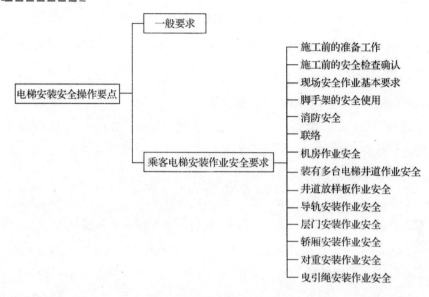

自我检测

一、填空题

1.进入作业场所应穿戴的劳动防护用品有_____、_____、_____、_____、_____。

2.在每层楼作业位置设置作业平台，作业平台的脚手板应使用厚度大于_____的坚固干燥木板，脚手板的宽度应在_____以上。

3.下列说法正确的是_____。

（1）在空气中含有较多杂质的地方使用电钻、切割机、焊机浇注巴氏合金或使用化学溶剂时，要戴防护眼镜

（2）不准站在旋转工件或可能爆裂飞出物件、碎屑部位的正前方进行操作、调整、检查设备

（3）所有金属移动爬梯与地面接触部位应有绝缘材料和防滑措施

（4）电焊、气焊等明火作业，应提出动火申请，得到有关部门批准后方可进行动火作业

4._____等个人劳保用品，不得使用。

（1）破裂的安全帽　　　（2）有裂纹的安全带

（3）不绝缘的工作鞋　　（4）完好的护目镜

5.曳引机吊装应符合_____要求。

（1）曳引机可由非专业吊装人员吊装进入电梯机房

（2）吊装前应确认起重吊钩防脱钩装置有效

（3）吊装时，曳引机上下均不应站人，不应有杂物

（4）起重装置将曳引机吊停在半空时，吊装人员可以离开吊装岗位

二、单选题

1.钢丝绳有（　　）现象时，需要更换。

A.过长　　　　　　B.过短　　　　　　C.直径减少 1%　　　　D.断股

2.进入井道及在（　　）以上的高空作业时，应佩戴安全带，并确认安全可靠。

A.1m　　　　　　B.1.5m　　　　　　C.2m　　　　　　D.2.5m

3.脚手板应紧固在脚手架上，脚手板两端应伸出脚手架横杆（　　）以上。

A.100mm　　　　B.150mm　　　　C.200mm　　　　D.50mm

4.层门套与土建结构间缝隙大于（　　），则不应拆除安全围挡。

A.50mm　　　　B.100mm　　　　C.70mm　　　　D.90mm

5.搬运对重块时，应有（　　）人同时作业。

A.1　　　　　　B.2　　　　　　C.3　　　　　　D.4

三、判断题

1.电梯安装人员进场只需要佩戴安全帽即可。（　　）

2.电梯地线只要尽量粗一点，减少对地电阻就行。（　　）

3.工作场地高度超过 1.5m 时，有坠落的危险，必须使用安全带，且安全带必须牢固固定。（　　）

4.电梯司机应当检查电梯安全注意事项和警示标志，确保齐全清晰。（　　）

5.索具应采用直径大于等于 12mm 的钢丝绳，钢丝绳、绳套、绳卡应符合标准要求。（　　）

6.浇注巴氏合金时，不需要戴防护眼罩和手套。（　　）

参考答案

学习任务 3.2　安装现场安全管理

学习目标

1）了解电梯安装工程施工安全技术内容及要求。

2）了解安装现场日常安全检查项目。

3）具有从实际出发思考问题、解决问题的客观认知，养成良好的职业素养和爱岗敬业的职业意识。

案例导入

某电梯公司安装团队在写字楼作业时，由于时间紧迫，该团队负责人事先并未明确责任划分。安装人员李某未按要求正确佩戴安全帽，导致被掉落的工具砸中，当场去世。事后，电梯公司和开发商相互推卸责任，长时间未能赔付到位。

思考：发生以上事故的原因是什么？

知识准备

为确保安装人员的人身安全和电梯正常可靠运行，防止电梯事故的发生，需要电梯从业人员熟悉并牢记电梯安装现场的安全要点。

3.2.1　建立施工安全管理组织及管理责任制

1. 建立安全管理组织

在电梯安装施工过程中，安全管理的第一责任人是负责组织施工的项目经理，由其负责建立有效的安全管理组织机构，明确组织机构的各级安全责任，确定安全管理目标，明确并分解安全管理目标，落实到相关职能部门、施工作业队及各施工人员。

2. 建立安全管理责任制

安全管理责任制是安全管理体系的主要文件，是岗位责任制的重要组成部分，它明确了各级管理层、各部门及施工作业班组和施工人员的责任，是保障项目安全施工的重要手段。

3.2.2　施工现场安全环保管理

1. 一般规定

1）施工人员入场前，由安全主管部门负责人员进行安全教育，由项目负责人对作业班组进行安全技术交底。

2）每天上班前由班长负责进行班前安全讲话，说明当天工作应注意的安全事项。

3）作业人员须遵守施工现场的安全及环保制度。

4）进入施工现场须戴好安全帽，系好帽带，不得在施工现场吸烟。

2. 井道内施工

1）在井道工作时应随身携带工具包，随时将暂时不用的工具、部件放入包内，防止坠落，做到活完脚下清，脚手架上不得存放杂物，加强消防意识，杜绝火灾隐患。

2）脚手架搭拆时，操作人员必须有相应的特殊工种操作证，遵守脚手架搭设的操作规程，电梯首层设水平安全网，首层以上部位也要按规定悬挂安全网。安装过程有不合适的部位，需要移动架管时，一次只能移动一根并且固定后方可移动另一根，移动完后，要检查扣件螺栓是否拧紧，该部分工作结束后，要及时复位。

3）井道内作业时，严禁同一井道内交叉作业，以防工具、物料不慎坠落伤人。

4）注意检查层门防护挡板，出入井道后及时复位。

5）底坑施工时，不得试车。

3. 现场搬运

（1）设备搬运过程中，注意稳拿稳放，节奏要统一，以免伤人或损坏设备。

（2）搬运对重架、对重块时要小心谨慎，既不要碰坏设备，又不要伤及作业人员。

3.2.3　电梯安装工程施工安全技术内容及要求

1）对安装人员的安全技术要求。安装施工人员须取得电梯安装上岗证，并经身体检查合格，方可从事电梯安装。

2）严格按照施工总平面布置图，做好电梯工程现场各项设施的布置，使其符合安全技术要求。

3）确定工程项目施工全过程中高空作业、机械操作、起重吊装作业、动用明火作业、带电调试作业等安全技术措施。

4）对施工各专业、工种、施工各阶段、交叉作业等编制有针对性的安全技术措施。

5）施工用电等要符合相关的安全技术要求，如手持电动工具电源必须加装漏电开关，所用导线须是橡胶软线，其芯数应同时满足工作及保护接零的需要；施工人员必须严格遵守电工安全操作规程。

6）电（气）焊作业安全技术要求。电（气）焊工作现场要备好灭火器材，有具体的防火措施。要设专人检查，下班时要检查施工现场，确保无隐患后方可离去。

7）调试时的安全技术要求。调试过程中应口令清晰、准确，必须有呼有应。机房试车时，轿厢内不能站人，封掉开门机构线路，使轿厢不自动开门。快车运行正常后，再接通开门机构。试车过程中应在轿厢内张贴"正在调试，严禁乘坐"的标语。试车时严禁短接或断开安全回路的开关。安全开关的故障排除后，才能继续试车。

3.2.4 安装现场日常安全检查项目（表 3-2-1）

表 3-2-1 安装现场日常安全检查项目

检查日期			施工单位		队别		
安装工地				检查人员			
序号	类别	检查项目				检查情况	处理意见
1	人员	施工人员是否持岗上证					
2		施工人员是否经开工申报、安全教育（公司、施工单位）					
3		施工班组是否设安全值日员					
4	行为	施工人员是否遵守劳动纪律					
5		施工人员是否按规定着装					
6		施工人员是否劳动用品佩戴齐全并正确使用					
7		施工人员的三角钥匙持有及使用是否符合规定					
8		施工人员的跨接线持有及使用是否符合规定					
9		施工人员是否使用指令信号法					
10		施工人员是否有其他违反安全操作规程的不安全行为					
11		安全值日员是否履行职责					
12	环境	施工区域是否设置安全警示标志					
13		吊装区域是否设置警戒线并监护到位					
14		施工区域和库房是否整洁，物品是否堆放整齐、有序					
15		生活区是否保持整洁，临时用电是否安全、规范					
16	设施设备	施工区域的临边、洞口是否设置安全设施并保持完好					
17		脚手架是否搭设规范并挂牌，是否有私拆现象					
18		电箱、电线、照明是否符合安全规定					
19		起重设备是否符合安全规定					
20		手持电动工具和移动设备是否符合安全要求					
21		是否开展产品保护、防盗工作					
22		电梯是否未移交就投入运行					
23	消防	施工现场、库房是否配置消防设施					
24		易燃、易爆品是否妥善保管					
25		受压容器（氧气、乙炔）使用、存放是否符合安全规定					
26		动火作业中作业人员是否持双证、携灭火机、监护到位					
27	环保	施工现场是否设置废弃物收集点					
28		班组是否有环保教育和废弃物收集移交记录					
29	资料	现场是否有考勤、消防记录					
30		现场是否有开工报告（经特种设备安全监督管理部门批准）					
31		现场是否有安全协议（公司、总包）					
32		现场是否有安全教育记录（公司、施工单位）					
33		现场是否有安全检查项目表、安全台账，并正确如实填写					
34		现场是否有脚手架合格证、签收单、动火证存根					
35		现场是否有井道移交书等安全资料					
36	其他						

知识梳理

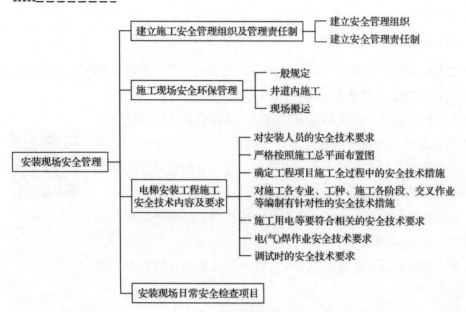

自我检测

一、填空题

1.脚手架搭拆时，操作人员必须有相应的特殊工种操作证，遵守脚手架搭设的操作规程，电梯首层设_____，首层以上部位也要按规定_____。

2.井道内作业时，严禁同一井道内_____，以防工具、物料不慎坠落伤人。

3.底坑施工时，不得_____。

4.安装施工人员须取得_____，并经身体检查合格，方可从事电梯安装。

5.试车时严禁短接或断开_____的开关。安全开关的故障排除后，才能继续试车。

二、单选题

1.在电梯安装施工过程中，安全管理的（   ）是负责组织施工的项目经理。

A.第一负责人 　　　　　　　　　B.第二负责人

2.（   ）是安全管理体系的主要文件，是岗位责任制的重要组成部分。

A.安全管理责任制 　　　　　　　B.安全管理组织

3.脚手架安装过程有不合适的部位，需要移动架管时，一次只能移动

（　　）根并且固定后方可移动另一根，移动完后，要检查扣件螺栓是否拧紧，该部分工作结束后，要及时复位。

A.一　　　　　　B.二　　　　　　C.三　　　　　　D.四

三、判断题

1.电梯安装人员应熟知电梯安装图、电气原理图、土建布置图、电梯使用说明书、调试说明书及安装布线图。（　　）

2.《特种设备安全监察条例》规定，特种设备使用单位应当建立特种设备安全技术档案。（　　）

参考答案

3.安全组长应不定期对工地现场和一切设备装置进行安全检查，并消除所存在的不安全因素。（　　）

4.对施工各专业、工种、施工各阶段、交叉作业等编制有针对性的安全技术措施（　　）

5.日常需要检查班组是否有环保教育和废弃物收集移交记录。（　　）

学习任务 3.3　电梯安装施工安全

学习目标

1.明确各种作业安全操作注意事项。

2.了解各类灭火器。

3.在学习理论和实践中养成勤于动脑、动手的好习惯，形成认真负责的工作态度和严谨细致的工作作风。

案例导入

某医院大楼有一台手开门电梯，在操作运行过程中，驾驶员经常擅自离开岗位，且不关闭层门和切断电源。一天，一名老年勤杂工帮他人挂号，发现4楼电梯层门敞开，驾驶员不在，就擅自将电梯驶到1楼，然后离开轿厢前去挂号。此时，电梯驾驶员发觉电梯被他人开走，找到1楼并将电梯开回4楼。老

案例

工人挂完号急匆匆来到电梯处，发觉层门已关闭，急忙掏出钥匙打开基站层门，一脚跨入，踏空坠落底坑而昏迷，因长时间无人发觉，最终窒息死亡。

思考：发生以上事故的原因是什么？

知识准备

在安装电梯时，电梯安装人员必须接受专门技术培训和安全操作培训，并经考核合格取得作业人员资格证书（例如，电梯机械安装维修，项目代号为T1；电梯电气安装维修，项目代号为T2）后方可独立操作。除此之外，电梯安装人员必须熟悉和掌握起重、电工、钳工、电梯驾驶等方面的理论知识和操作技能，且需熟悉高空作业、电焊、气焊、防火等安全知识。下面将从不同方面讲述在电梯安装过程中需要注意的事项。

3.3.1 施工基本安全操作注意事项

在施工之前，电梯安装人员应该明确基本操作（自我防护）注意事项（表3-3-1）。

表 3-3-1 施工基本安全操作注意事项

序号	注意要点
1	电梯安装人员接到安装任务单后，必须会同有关人员勘查施工现场，根据任务单的要求和实际情况，拟定切实可行的安全措施，且付诸实施后，方可进入工地施工
2	施工现场的材料和物品必须存放整齐，堆垛稳固，防止倒塌。场地必须保持清洁、通行无障碍物
3	对施工操作人员的个体防护，必须使用符合规定的劳动防护用品，且按照劳动防护用品使用规则和防护要求正确合理使用。对集体备用的防护用品，应有专人保管，定期检查，使之保持良好状态
4	电梯层门拆除或安装前，必须在层门门框外设置安全护栏，并悬挂醒目的标志，如"门已拆除，严禁入内"或"严禁入内，谨防坠落"等。在层门口未设置障碍物前，必须有专人守护，防止有人进入
5	施工操作人员进出轿厢、轿顶时①，必须思想集中，看清楚其停靠的位置，然后采取正确稳妥的方式出入。严禁在轿厢未停妥或层门刚开启时就匆忙出入，以免造成坠落或剪切事故
6	在运转的绳轮两旁清洗钢丝绳，且必须用长柄刷帚操作，开慢车进行清洗要注意电梯轿厢的运行方向。在清洗对重方向的钢丝绳时，应使轿厢向上运行；在清洗轿厢方向的钢丝绳时，应使轿厢向下运行
7	修理与拆装曳引机组、轿厢、对重、导轨和调换钢丝绳时，严禁冒险或违章操作，必须由施工负责人统一指挥，使用安全可靠的设备、工具、做好人员的配备组织工作
8	施工过程中，严禁操作人员站立在电梯层门、轿门的骑跨处，以防触动按钮或手柄开关，电梯轿厢位移发生事故。骑跨处是指电梯的移动部分与静止部分之间，如轿门地坎和层门地坎之间、分隔井道用的工字钢（槽钢）和轿顶之间等
9	施工过程中，操作人员若需离开轿厢，必须切断电源，关闭层门、轿门，并悬挂"禁止使用"的警告牌，以防他人启用电梯
10	调试过程中，必须由专业人员统一指挥，严禁载客

注：①出入轿厢、轿顶应确认轿厢位置；出入轿厢、轿顶之前应分别确认层门电气安全装置、轿顶急停、轿顶检修的有效性，防止在出入瞬间轿厢移动；必要时，应在出入轿厢、轿顶前通知其他安装施工人员，不得移动轿厢。

3.3.2 常用工具设备安全操作注意事项

电梯安装人员在做好自我防护时，还应该注意常用工具设备的安全操作（表 3-3-2）。

表 3-3-2 常用工具设备安全操作注意事项

序号	注意要点
1	操作人员应使手持工具经常处于良好状态，如果锤子或大锤的手柄有松动，则必须更换手柄，且装配紧固，以防锤头滑脱伤人；又如，錾子或样冲的顶部要经常修整，避免出现"蘑菇状"的碎片伤人
2	登高操作所用扒脚梯、竹梯、单梯的梯脚应包扎防滑橡胶，使用前必须检查确认稳固可靠，方可使用 使用扒脚梯时扒开角度应在 35°～45° 之间，且中间必须有绳索将梯子两面拉牢，操作者不得站在顶尖档的位置进行操作 使用单梯时，应有他人监护扶住梯脚或在上部用绳索扎紧 登梯操作者应尽可能使用安全带，以防坠落。扶梯监护者须戴安全帽，以防物体打击 严禁两人同时攀登一部梯子
3	各种移动电气设备要经常检查，绝缘强度应符合规定要求，且有良好的安全接地措施。引线必须采用三芯（单相）、四芯（三相）坚韧橡胶线或塑料护套软线，截面至少 $0.5mm^2$，长度不超过 5m 使用手持式电动工具，操作时要戴绝缘手套或脚垫绝缘橡胶，并要求： ①一般作业场所应尽可能使用Ⅱ类工具，若使用Ⅰ类工具，应有漏电保护器等保护措施 ②在潮湿作业场所或金属构架上等导电性能良好的作业场所，应使用Ⅱ类或Ⅲ类工具

注：Ⅰ类工具—普通型电动工具；Ⅱ类工具—绝缘结构全部为双重绝缘结构的电动工具；Ⅲ类工具—安全电压工具。

3.3.3 用电安全操作事项

在安装电梯的过程中，用电是避免不了的，用电安全操作事项见表 3-3-3。

表 3-3-3 用电安全操作事项

序号	注意要点
1	施工人员必须严格遵守电工安全操作规程
2	进入机房检修时必须先切断电源，并悬挂"有人工作，切勿合闸"的警告牌
3	清理控制屏开关时，不得使用金属工具，应用绝缘工具进行操作
4	施工中如需用临时电源线操纵电梯，必须做到： ①所使用的按钮装置应有急停开关和电源开关 ②所设置的临时控制线应保持完好，不允许有接头，并能承受足够的拉力和具有足够的长度 ③在使用临时电源线的过程中，应注意盘放整齐，不得用铁钉或铁丝扎紧固定临时线，并避让触及锐利物体的边缘，以防损伤临时电源线 ④使用临时电源线操纵轿厢上、下运行，必须谨慎、注意安全
5	施工中使用的临时照明灯具，应有用绝缘材料制成的灯罩，避免灯泡接触物体，其电压不得超过 36V
6	电气设备未经验电，一律视为有电，必须使用绝缘良好、灵敏可靠的工具和测量仪表检查。禁止使用失灵的或未经按期校验的测量用具
7	电气开关跳闸后，必须查明原因，故障排除后方可合上开关

3.3.4 井道作业安全操作注意事项

在安装电梯时，井道作业也是不可避免的，井道作业安全操作注意事项见表 3-3-4。

表 3-3-4 井道作业安全操作注意事项

序号	注意要点
1	施工人员进入井道作业前必须佩戴安全帽，登高操作时应系安全带；工具应放入工具袋内，大型工具应用保险绳扎牢，妥善放置
2	搭设脚手架时必须做到： ①搭设前委托单位应向搭建单位详细说明安全技术要求，搭建完工后，必须进行验收，不符合安全规定的脚手架严禁施工 ②脚手架如需增设跳板，必须用 18 号以上的铁丝将跳板两端与脚手架捆扎牢固。木板厚度应在 50mm 以上，严禁使用劣质、强度不符合要求的木材 ③施工过程中应经常检查脚手架的使用状况，一旦发现安全隐患，应立即停止施工并采取有效措施 ④脚手架的承载荷重应大于 250kg/m²，脚手架上不准堆放工件或杂物，以防物体坠落伤人 ⑤拆除脚手架时，必须由上向下进行，如需拆除部分脚手架，待拆除后，对保存的部分脚手架必须进行加固，确认安全后方可再施工
3	在井道内施工使用的照明行灯应有足够的亮度，其电压必须采用不超过 36V 的安全电压
4	安装导轨及轿厢架等部件时，因劳动强度大，必须合理组织安排人力，且做好安全防护措施，由专人负责统一指挥
5	进入底坑施工时，轿厢内应有专人看管，并切断轿厢内电源，轿门和层门应开启
6	在轿顶进行维修、保养与调试时，必须做到： ①轿厢内应有检修人员或具有熟练操作技能的电梯驾驶人员配合，并听从轿顶上检修人员的指挥；检修人员应集中思想，密切注意周围环境的变化，下达正确的口令；当驾驶人员离开轿厢时，必须切断电源，关闭轿门、层门，并悬挂"有人工作，禁止使用"的警告牌 ②轿顶设置检修操纵箱的应尽量使用，轿厢内人员必须集中思想，注意配合；无轿顶检修操纵箱的应使用检修开关，使电梯处于检修状态 ③在电梯将到达最高层站前，要注意观察，随时准备采取紧急措施；当导轨加油时应在最高层站的前半层处停车；多部并列的电梯施工时，必须注意左右电梯轿厢上下运行情况，严禁将人体手、脚伸至正在运行的电梯井道内
7	施工人员在安装、维修机械设备或金属结构部件时，必须严格遵守机械加工的安全操作规程

3.3.5 吊装作业安全操作注意事项

吊装作业安全操作注意事项见表 3-3-5。

表 3-3-5　吊装作业安全操作注意事项

序号	注意要点
1	吊装作业时必须由专人指挥。指挥者应经过专业培训，并具有安全操作岗位证书
2	吊装前，必须充分估计被吊物件的重量，选用相应的吊装工具设备；使用吊装的工具设备，必须仔细检查，确认完好后，方可使用
3	准确选择悬挂手动链条葫芦的位置，使其具有承受吊装负荷的足够强度，施工人员必须站立在安全的位置进行操作；使用链条葫芦时，若拉动不灵活，必须查明原因，采取相应措施修复后方可进行操作
4	吊装过程中，位于被吊重物下方的井道或场地的吊装区域（地坑）不得有人从事其他工作或行走
5	吊装使用的吊钩应带有安全销，避免重物脱钩，否则必须采取其他防护措施
6	起吊轿厢时，应用强度足够的钢丝绳进行起吊作业，确认无危险后方可放松链条葫芦；起吊有补偿绳及衬轮的轿厢时，不能超过补偿绳和衬轮的允许高度
7	钢丝绳绳卡的规格必须与钢丝绳匹配，绳卡的压板应装在钢丝绳受力的一边，对于直径 16mm 以下的钢丝绳，使用钢丝绳绳卡的数量应不少于 3 只，被夹绳的长度不应少于钢丝绳直径的 15 倍，但最短不允许少于 300mm，每个绳卡的间距应大于钢丝绳直径的 6 倍。钢丝绳绳卡只允许将两根同规格的钢丝绳扎在一起，严禁扎三根或不同规格的钢丝绳
8	吊装机器时，应使机器底座处于水平位置，然后平稳起吊；抬、扛重物时，应注意用力方向及用力的协调一致性，防止滑杠，脱手伤人
9	顶撑对重时，应选用较大直径的钢管或大规格的木材，严禁使用劣质材料，操作时支撑要稳妥，不可歪斜，并做好保险措施
10	放置对重块时，应用手动链条葫芦等设备吊装；当用人力放置对重块时，应有两人共同配合，防止对重块坠落伤人
11	拆除旧电梯时，严禁先拆限速器和安全钳。条件许可时应搭设脚手架。如果没有脚手架，必须落实可靠的安全措施后，方可拆卸，并注意操作时互相协调配合
12	吊装、起重操作时，必须严格遵守高空作业和起重作业的安全操作规程

3.3.6　防火灾安全操作注意事项

在安装电梯的过程中，火的使用频率也是非常高的。在使用火的过程中应该格外注意，防火灾安全操作注意事项见表 3-3-6。

表 3-3-6 防火灾安全操作注意事项

序号	注意要点
1	施工场所各种易燃物品（汽油、煤油、柴油）应有严格的领用制度，工作完毕，剩余的易燃物品必须妥善保管，存放在安全的地方。使用易燃物品时，必须加强环境通风，降低空气中爆炸性混合气体的浓度，并且严格禁止吸烟或有其他火种
2	施工场所使用焊接、切割和喷灯等动火作业时，必须严格遵守岗位安全操作规程。凡需动用明火时，必须执行动火审批制度，未经批准，不得擅自动用明火
3	如施工中有明火作业，必须在施工前做好防火措施，设置足够数量的灭火器材，如干粉、二氧化碳、1211 灭火器（见表 3-3-7）和干黄砂桶。严禁用水、泡沫灭火器
4	火焰作业点必须与氧气、乙炔气容器以及木材、油类等物质保持 10m 以上的距离，并用挡板屏隔离。对易爆物质与火焰作业点，必须有 20m 以上的距离
5	喷灯提供热源属于明火作业，其安全要求： ①煤油喷灯，严禁使用汽油，以防发生爆燃 ②使用时经常检查灯壶内的油量，不可少于 1/4，以防灯壳过热发生爆燃 ③使用时应注意火焰不可反射至灯的本体，以防发生危险 ④严禁任意旋动安全阀调节螺钉，应保持清洁，防止阻塞失灵，造成事故 ⑤若发现喷灯底部外凸，应立即停止使用，重新更换
6	施工场所有明火作业时，应有专人值班负责安全监督，施工完毕后应仔细检查现场情况，消除火苗隐患

各类灭火器简介见表 3-3-7。

表 3-3-7 各类灭火器简介

灭火器的种类	二氧化碳灭火器	四氯化碳灭火器	干粉灭火器	1211 灭火器
规格	①2kg 以下 ②2～3kg ③5～7kg	①2kg 以下 ②2～3kg ③5～8kg	①8kg ②50kg	①1kg ②2kg ③3kg
药剂	液态二氧化碳	四氯化碳液体，并有一定压力	钾盐或钠盐干粉，并有盛装压缩气体的小钢瓶	二氟-氯-溴甲烷，并充填压缩气体（氮）
用途	不导电 扑救电气精密仪器、油类和酸类火灾；不能扑救钾、钠、镁、铝物质火灾	不导电 扑救电气设备火灾；不能扑救钾、钠铝、乙炔、二硫化碳火灾	不导电 扑救电气设备火灾，石油产品、油漆、有机溶剂、天然气火灾；不宜扑救电机火灾	不导电 扑救电气设备、油类、化工化纤原料初起火灾
效能	射程 3m	3kg，喷射时间 30s，射程 7m	8kg，喷射时间 14～18s，射程 4.5m	1kg，喷射时间 6～8s，射程 2～3m
使用方法	一手握住喇叭筒对着火源，另一手打开开关	只要打开开关，液体就可喷出	提起圈环，干粉就可喷出	拔下铅封或横销，用力压下压把
检查方法	每 2 个月测量一次，当减少原重 1/10 时，应充气	每 3 个月试喷少许，压力不够时应充气术	每年检查一次干粉，是否受潮或结块。小钢瓶内气体压力，每半年检查一次，当重量减少 1/10 时，应充气	每年检查一次重量

知识梳理

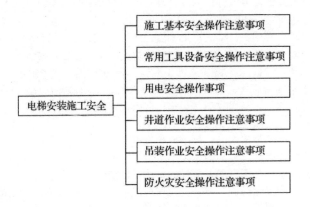

自我检测

一、填空题

1.下列说法正确的是_____。

（1）电梯安装人员接到安装任务单后，必须会同有关人员勘查施工现场，根据任务单的要求和实际情况，拟定切实可行的安全措施，且付诸实施后，方可进入工地施工

（2）在层门口未设置障碍物前，必须有专人守护，防止有人进入

（3）登高操作所用扒脚梯、竹梯、单梯的梯脚应包扎防滑橡胶，使用前必须检查确认稳固可靠后方可使用

（4）电气开关跳闸后可直接合上开关

2.在潮湿作业场所或金属构架上等导电性能良好的作业场所，应使用_____或_____工具。

3.施工中如需用临时电源线操纵电梯，必须做到：所使用的按钮装置应有_____和_____。

4.拆除旧电梯时，严禁先拆_____和_____。

5.使用喷灯时经常检查灯壶内的油量，不可少于_____，以防灯壳过热发生爆燃。

二、单选题

1.锅炉、压力容器、电梯、起重机械、客运索道、大型游乐设施、场（厂）

内专用机动车辆的作业人员及其相关管理人员，应当按照国家有关规定经特种设备安全监督管理部门（　　），取得国家统一格式的特种作业人员证书，方可从事相应的作业或者管理工作。

A.培训　　　　　B.培训合格　　　C.考核　　　　　D.考核合格

2.在清洗对重方向的钢丝绳时，应使轿厢（　　）运行；在清洗轿厢方向的钢丝绳时，应使轿厢向下运行。

A.向上　　　　　B.向下　　　　　C.不

3.使用扒脚梯时扒开角度应在（　　）之间，且中间必须有绳索将梯子两面拉牢，操作者不得站在顶尖档的位置进行操作。

A.25°～35°　　　B.35°～45°　　　C.45°～50°　　　D.20°～25°

4.脚手架的承载荷重应大于（　　），脚手架上不准堆放工件或杂物，以防物体坠落伤人。

A.200kg/m² 　　 B.250kg/m² 　　 C.300kg/m² 　　 D.350kg/m²

5.射程最远的灭火器是（　　）。

A.二氧化碳灭火器　　　　　　B.四氯化碳灭火器

C.干粉灭火器　　　　　　　　D.1211 灭火器

三、判断题

1.施工现场的材料和物品必须存放整齐，堆垛稳固，防止倒塌。（　　）

2.在轿厢未停妥或层门刚开启就可以匆忙出入。（　　）

3.在使用临时电源线的过程中，应注意盘放整齐，不得用铁钉或铁丝扎紧固定临时线，并避让触及锐利物体的边缘，以防损伤临时电源线。（　　）

4.脚手架材料在选用木材或竹竿时，应有防火措施。（　　）

5.使用易燃物品时，必须加强环境通风，降低空气中爆炸性混合气体的浓度，并且严格禁止吸烟或有其他火种。（　　）

参考答案

模块 4　电梯使用运行安全模块

学习任务 4.1　电梯使用安全

学习目标

1）明确在电梯使用中涉及的各种制度。

2）掌握常见的制度（安全技术档案管理制度、定期检验制度、维护保养制度、电梯钥匙使用管理制度、日常检查制度等）。

3）掌握基本知识，养成不断完善自我、提升内涵的行为习惯。

案例导入

【案例 1】

某市某针织品进出口公司办公大楼有一台 XH 型信号电梯，经常快车开不出，虽经修理但没有彻底修好，时好时坏，带病运行。一名电梯女司机（无操作证）公休后第一天上班，将电梯开往 10 楼冲开水、上厕所。女司机离开岗位后，一名职工欲乘电梯下楼，但开不出，于是利用应急按钮开慢车，在层门开启的情况下驶向 1 楼。女司机回来后看到层门开着，误认为电梯还在该层，结果一脚踏空坠落在 1 楼的轿厢顶部。

【案例 2】

2000 年 8 月某天早上 6 时 5 分，某小区宿舍楼的一台客梯发生溜车。该梯为一台 PLC（可编程控制器）控制的调压调频调速电梯，由司机操作。事发当日，8 楼有人呼梯，司机操纵电梯从 1 楼前往应答，到达 8 楼后电梯自动开门，一位老者挂拐进入轿厢，在轿、厅门尚未完全关闭时，电梯便向上运行，致使乘客摔

案例 2

92

倒。司机欲拉乘客未果，立即操作"急停"及"检修"开关。此时，乘客被卡于轿厢地坎与 8 楼厅门上端钩子锁位置处，造成右腿膝盖以下 50mm 处离断，左腿皮外伤。经多方抢救和手术，处置了离断的右腿，将左小腿皮肉缝合。

思考：发生以上事故的原因是什么？

✦ 知识准备

为确保电梯的安全运行，促进安全使用和规范安全管理，制定了电梯使用安全管理制度。

4.1.1 电梯的购买、安装、改造、维修

1）购买的电梯必须是有生产许可的单位生产的，同时必须附有安全技术规范要求的设计文件、产品质量合格证明、安装及使用维修说明、监督检验证明等文件。

2）电梯的安装、改造、维修必须由取得相关许可的单位进行。

3）督促安装、改造、维修施工单位在施工前完成告知手续、施工过程、完成监督检验手续，竣工验收后 30 日内完成全部有关技术资料的移交手续。

4）电梯在投入使用后 30 日内，向市质量技术监督局申办注册登记，并将使用登记证置于或者附着于该电梯的显著位置。

4.1.2 电梯安全技术档案管理制度

电梯设备的安全技术档案应完整地反映出该台设备的所有数据及情况，并能通过对技术资料的了解，解决实际运行中发生的各种有关问题。因此，每一台电梯的档案材料均须完整、无缺、备查。

1）电梯技术档案应由专门的部门或人员进行专项管理。

2）电梯的原始技术档案、检验报告、建档登记以及维修保养过程中形成的各种质量记录（表 4-1-1）均包括在技术档案内。

表 4-1-1　电梯保养检查记录表

序号	检查项目	检查情况	维保记录	维修人员签名
1	外电源箱总开关、总接触器正常			
2	地面防护围栏及机电联锁正常			
3	吊笼、吊笼门和机电联锁正常			
4	吊笼门、紧急逃离门正常			
5	吊笼及对重通道无障碍物			
6	导轨架连接螺栓无松动、缺失			
7	导轨架及附墙架无异常松动			
8	齿轮、齿条啮合正常			
9	上、下限位开关正常			
10	极限限位开关正常			
11	制动器正常			
12	电箱和变速箱无异常发热及噪声			
13	急停开关正常			
14	润滑油无泄漏			
15	警报系统正常			
16	地面防护围栏及吊笼顶无杂物			

3）电梯设备的安全技术档案应包括：

①特种设备使用注册登记表；

②设备及其零部件、安全保护装置的产品技术文件；

③安装、改造、重大维修的有关资料、报告；

④日常检查与使用状况记录、维保记录、年度自行检查记录或者报告、应急救援演习记录；

⑤安装、改造、重大维修监督检验报告，定期检验报告；

⑥设备运行故障与事故记录。

4）有关质量记录应填写清晰、及时、完整，并有签字认可。

5）有关部门及人员对质量记录进行收集整理，定期移交部门或人员存档。

6）有关责任部门应按国家质量技术监督局的要求妥善保管质量记录，不得有破损现象。

7）各有关质量记录、检验报告保存期限根据国家有关规定进行存档（如技术监督局定期年检报告及检验意见通知书至少应保存三年）。

8）当需要用技术资料及有关质量记录时，经过必要的审批可暂时借用。

9）日常检查与使用状况记录、维保记录、年度自行检查记录或者报告、应急救援演习记录、定期检验报告、设备运行故障记录至少保存两年，其他资料应当长期保存。使用单位变更时，应当随机移交安全技术档案。

4.1.3 电梯定期检验制度

凡本单位使用的电梯必须在安全检验合格标志（图 4-1-1）有效期到期前一个月报特种设备检验检测机构进行定期安全检验。经检验、整改合格后，重新换发新一年度安全检验合格标志。

图 4-1-1　安全检验标志

1）有关部门或人员依据电梯档案查询电梯安全检验合格标志有效期日期，建立年度定期检验明细表，在安全检验合格标志合格证到期前一个月向特种设备检验检测机构申报年检。

2）在特种设备检验检测机构检验之前，组织有关人员和维保单位对电梯进行年度保养和自检。

3）有关部门或人员在对电梯进行年度保养后，对电梯进行安全性能检查，填写《年度自检记录报告》，使电梯的安全性能满足特种设备检验检测机构对有关电梯检验规程的检验要求。

4）新安装电梯经监督检验合格后，第二年应到市特种设备检验检测机构报检，并将具体检验时间登记在年检电梯的明细表中。

5）电梯主管人员依据电梯轿厢内安全检验合格标志的有效日期，提前一个月向主管领导报告检验周期，避免漏报少报。

6）主管人员每月检查有关人员对电梯的报检及检验状况，及时调整存在的问题，做到本单位管理的电梯100%报检，所有电梯报检工作均由主管人员负责进行安排，协调确保年度安全检验工作的顺利进行。

4.1.4 电梯维护保养制度

为保证维修保养工作各环节密切相连，明确责任，修保单位做到随时急修，制定了如例行（半月）保养、季度保养、半年保养、年度保养（表4-1-2）等维修保养制度（见附件A）。

表4-1-2 电梯维护保养分类

电梯维护保养分类	具体内容
例行（半月）维修保养	电梯维修保养人员每15日对电梯的主要机构和部件进行一次检查，维护保养并进行全面的清洁除尘、润滑调整工作
季度维修保养	电梯维修保养人员每隔90日左右，对电梯的各重要机械部件和电气装置进行一次细微的调整和检查
半年维修保养	电梯维修保养人员在季度维护保养的基础上，对电梯易于出故障和损坏的部件进行较为全面的维护
年度定期检验	电梯每运行一年后，应由电梯维修保养单位技术主管人员负责，并组织安排维修保养人员，对电梯的机械部件和电气设备以及各辅助的设施进行一次全面而综合性的检查、维修和调整，按技术检验标准进行全面的安全性能测试，以弥补电梯用户技术检测手段的不足

1）维保单位对其维保电梯的安全性能负责。对新承担维保的电梯是否符合安全技术规范要求应当进行确认，维保后的电梯应当符合相应的安全技术规范，并且处于正常的运行状态。

2）维保单位应按照《电梯使用管理与日常维护保养规则》及其有关安全技术规范以及电梯产品安装使用维护说明书的要求，制定维保方案，确保其维保电梯的安全性能。

3）修保单位每15日对电梯进行维护保养，并填写《维护保养记录》，使用单位主管人员应核实情况后，在《维护保养记录》上认可签字；修保单位每15日最后一周将进行的维护保养记录以及电梯的维修状况、故障及解决情况汇总，与其他质量记录等一并上交电梯使用单位主管人员。

4）对承担维保的作业人员进行安全教育与培训，按照特种设备作业人员考核要求，组织取得具有电梯维修项目的《特种设备作业人员证》。

5）每年度至少进行一次自行检查，自行检查在特种设备检验检测机构进行定期检验之前进行，自行检查项目根据使用情况决定，但是不少于《电梯使用管理与日常维护保养规则》中年度维保和电梯定期检验规定的项目及内容，并且向使用单位出具有自行检查和审核人员的签字、加盖维保单位公章或其他专用章的自行检查记录或者报告。

6）安排维保人员配合特种设备检验检测机构进行电梯的定期检验。

7）建立每部电梯的维保记录，并且归入电梯技术档案，档案至少保存4年。

8）设立24h维保值班电话，保证接到故障通知后及时予以排除，接到电梯困人故障报告后，维修人员及时抵达所维保电梯所在地实施现场救援，抵达时间不应超过30min。

9）在维保过程中，发现事故隐患及时告知电梯使用单位；发现严重事故隐患，及时向当地质量技术监督部门报告。

4.1.5 电梯日常检查制度

为了贯彻国家及技术监督局相关文件规定的要求和《电梯使用管理与日常维护保养规则》，制定日常检查制度。

1）电梯安全管理人员在每周工作开始前，应到机房内对机械和电气设备进行巡视性检查。

2）使用电梯前，电梯安全管理人员应对电梯进行逐层停靠运行试验，在运行中观察电梯是否有异常现象。例如：
①电梯的照明及风扇工作是否正常；
②电梯启动、停车和平层的情况；

逐层停靠运行试验

③听有无异声和异常震动;

④闻有无异常气味出现。

3）检查制动器、继电器、接触器等是否正常,各级电压是否在正常工作范围内。

4）机房内的温度、湿度是否正常,电动机、减速器、制动器温度是否正常。

5）操纵箱的按钮、开关工作是否正常,楼层及方向指示是否正常。

6）做好防风、防雨、防霉、防火措施,及时清理机房内的杂物。

7）不要让水流入电梯井道,不要让水淋湿电梯部件。

8）电梯安全管理人员若发现问题,应及时报告有关部门,并做好记录。

4.1.6 电梯钥匙使用管理制度

1. 电梯钥匙分类

电梯钥匙(图 4-1-2)包括紧急开锁钥匙、电梯电源钥匙、轿内操纵盘检修盒钥匙、机房钥匙、机房主电源柜钥匙。

图 4-1-2 各种电梯钥匙

2. 电梯钥匙使用注意事项

1）在任何情况下都应做好电梯钥匙使用和交接登记制度,并建立专门的管理档案。保证做到正确使用,特别要预防电梯钥匙的丢失及误操作,以防电梯零配件丢失、设备损坏、安全事故的发生等。

2）电梯钥匙的使用保管必须有专人负责,电梯钥匙使用未经主管领导同意,不得随意使用。因工作需要使用时,应做好记录。

3）保管人员不得将电梯钥匙外借和赠与其他无关人员。

4）电梯钥匙使用完毕后必须及时交回管理部门,并放回原处。

5）电梯的首层电气钥匙(包括操纵盘钥匙)应由专人管理使用(如有司机,应交电梯司机保管),按规定开、关梯。

6）上述电梯钥匙必须严格掌管,不得随意乱放。若钥匙丢失,必须及时向有关部门报告。钥匙丢失必须采取必要措施，以防造成危害。

3. 电梯钥匙的使用与保养

（1）电梯电源钥匙使用与保养

1）电梯电源钥匙是操纵电梯运行与使用的电源开关钥匙。

2）电梯电源钥匙的操作使用程序必须按照电梯制造厂家规定的操作使用程序进行。

3）电梯电源钥匙必须由经过适当培训的专职司机或电梯值班人员使用和保管，其他人不得随意使用与保管。

（2）电梯机房钥匙使用与保管

1）电梯机房是放置电梯重要设备的场合，只有经过适当培训且持证的专业人员和相关人员才能进入。

2）电梯正常使用时，电梯机房必须上锁，以防其他无关人员擅自进入。

3）电梯机房钥匙应由电梯司机、电梯值班人员或业主相关部门负责人保管。

（3）电梯三角钥匙使用与保管

1）三角钥匙必须由经过培训并取得特种设备工作证的人员使用，其他人员不得使用。

2）使用的三角钥匙上必须附有安全警示牌或在三角锁孔的周边贴有警示牌。禁止非工作人员使用三角钥匙，门开启时先确定轿厢位置。

3）用户或业主必须指定一名或多名具有一定机电知识的人员作为电梯管理员，负责电梯的日常管理；对电梯数量较多的单位，电梯管理员应取得特种设备工作证。

4）电梯管理员应负责收集并管理电梯钥匙，如果电梯管理员出现变动，应做好三角钥匙的交接工作。

5）严禁任何人擅自把三角钥匙交给无关人员使用；否则，造成事故，后果自负。

6）紧急救援时必须先切断电梯控制电源，确认好轿厢位置后，再使用厅门钥匙进行救援作业。

7）三角钥匙的正确使用方法：

①把三角钥匙插入锁孔，确认钥匙的方向；

②工作人员应站好，保持重心，然后按逆时针方向，缓慢开启；

三角钥匙的正确
使用方法

③门锁打开后，先把厅门推开一条约 200mm 宽的缝，取下三角钥匙，观察井道内情况，特别注意，此时厅门不能一下开得太大；

④工作人员在打开完成后，应确认厅门已可靠锁闭。

4.1.7　电梯作业人员与相关工作人员的培训考核制度

1）电梯营运服务人员培训考核的内容应当按照国家质量监督检验检测总局制定的《电梯安全管理人员和作业人员考核大纲》中的相关内容和要求进行。

2）电梯使用单位应当每年制定电梯营运服务人员培训教育计划，保证其具备必要的安全操作知识、技能并及时进行更新。

3）对电梯营运服务人员的考核拟定每月进行一次，采用百分等级制考核。等级分为优秀（90～100 分）、优良（80～89 分）、良好（70～79 分）、合格（60～69 分）、不合格（59 分以下）；

4）百分考核的内容分为 5 类，共 20 项（表 4-1-3）。

表 4-1-3　百分考核的内容

项目	内容
岗位纪律	①按时到岗；②精神饱满；③完整的工作记录；④有无脱岗记录
仪表仪容	①着装规范、整洁；②持证上岗、佩戴标志；③禁止穿拖鞋上岗；④不得佩戴非工作要求的饰物
服务技巧	①语言文明；②有无操作失误或造成伤害；③处理紧急情况的能力；④电梯钥匙妥善保管
服务质量	①杜绝违章指挥；②不得刁难客人；③不得酒后开梯；④不准开"带病"电梯
环境卫生	①轿内清洁；②机房整洁；③首层厅门前应顺畅；④层门地坎无杂物

5）百分等级考核应和电梯营运服务人员的当月工资、奖金挂钩。

4.1.8　电梯意外事件或者事故的应急救援预案和应急救援演习制度

为了保障电梯在发生意外事件和事故时能及时有效地得到处理，迅速消除事故源，及时抢救伤员，抢修受损设备，最大限度地减少事故带来负面影响，降低事故的损失，特制定相应的应急响应预案。

1. 领导及救援小组组成（表 4-1-4）

表 4-1-4　领导及救援小组组成

人员		职责
组长	本单位领导	负责事故或救援演习现场总指挥，对外联络，对内组织、协调及进行技术指导工作
副组长	分管电梯设备或安全负责人	负责落实具体事故或救援演习措施，如疏散人员、照相、事故记录或拟定救援演习参加人员，通知维修保养单位（或专业应急救援单位）实施救援
各成员	电梯安全管理员、电梯日常检查人员等	负责现场秩序维护和救援工具准备工作
维修保养单位和专业应急救援单位人员均到达现场后，则由电梯维修保养单位具体实施应急救援或演习，专业应急救援单位给予技术支持		

2. 报告制度

发生电梯设备安全事故后，现场负责人、操作人员应在第一时间内把事故情况向救援领导小组报告。如发生特别重大事故、特大事故，救援领导小组应立即上报市质监局分管领导，逐级上报。事故报告应包括事故发生的时间、地点、设备名称、人员伤亡、经济损失及事故概况。

3. 现场保护

1）为了进一步调查事故的发生原因，吸取教训及善后处理，事故发生后的现场应注意保护，除非因抢救伤员必须移动现场物件外，未经救援小组组长或副组长同意，一律不能破坏现场。必须移动的现场物件，最好事先摄像保存原始性。要妥善保护现场的重要痕迹、物证等。

2）困人救援演习现场也要做好秩序维护工作，以防演习中发生不应出现的问题。

4. 救援工具

救援演习单位必须配备安全带、安全帽、绝缘鞋、救援服、缆绳、担架、对讲机等。

5. 不同事故的救援（表 4-1-5）

表 4-1-5　不同事故的救援应急预案

事故	应急预案
剪切事故	1）当发生剪切事故时，现场人员应立即切断电梯电源，使电梯停止运行。 2）现场人员根据伤员的伤势程度，采取简单的应急救治措施。 3）立即拨打 120 急救电话或送到就近的医院救治。 4）同时向主管领导报告。 5）保护现场，禁止任何无关人员进入事故现场。 6）必要时，根据特种设备安全监察的有关规定上报至质量技术监督部门或公安部门调查事故。 7）查明设备故障原因，由电梯维护保养单位修复后恢复运行
撞、碰伤事故	1）当发生撞、碰伤事故时，现场人员应立即切断电梯电源，使电梯停止运行。 2）根据伤势严重程度进行简单救护处理。 　①外伤大出血：应立即用毛巾、布条等进行捆扎止血[①]。 　②骨折、昏迷等严重的送到就近的医院救治或拨打 120 急救电话。 3）同时立即向主管领导报告。 4）保护现场，禁止任何无关人员进入事故现场。 5）必要时，根据特种设备安全监察的有关规定上报至质量技术监督部门或公安部门调查事故。 6）查明设备故障原因，由电梯维护保养单位修复后恢复运行
坠落	1）发现有人员坠落时，现场作业人员应立即切断电梯电源，使电梯停止运行。 2）到坠落处（如底坑、轿顶等）查看坠落人员，如发现还有呼吸或神志清醒，应让其不要起动，躺在原处休息，并注意观察。 3）如有大出血，应用毛巾、布条等进行包扎止血。 4）现场人员应立即拨打 120 急救电话等待处理。 5）同时立即同时向主管领导报告。 6）保护现场，禁止任何无关人员进入事故现场。 7）必要时，根据特种设备安全监察的有关规定上报至质量技术监督部门或公安部门调查事故。 8）查明设备故障原因，由电梯维护保养单位修复后恢复运行
发生触电事故	1）当发生触电事故时，现场人员应立即切断电梯电源，使触电者脱离电源。 2）如触电者神志清醒，尚未失去知觉，应让其不要起动，安静休息，并注意观察。 3）如触电者无知觉，无呼吸，但心脏仍有跳动，应进行人工呼吸抢救，并立即拨打 120 急救电话，等待处理。 4）如触电者无呼吸、心脏停止跳动，应采用人工呼吸和胸外心脏按压术[②]进行抢救，并立即拨打 120 急救电话处理，抢救工作要有耐心，在送往医院途中也不能停止。 5）同时立即同时向主管领导报告。 6）保护现场，禁止任何无关人员进入事故现场。 7）必要时，根据特种设备安全监察的有关规定上报至质量技术监督部门或公安部门调查事故

续表

事故	应急预案
发生火灾事故	1）当发生火灾时，现场人员应立即大声呼救并采取措施灭火，并根据着火情况报119，报告起火地点、楼层、着火物质、火势情况等，报警后，应派专人在消防车来的方向接应消防人员进场。 2）立即切断火灾现场的供电，并开通应急照明，从安全通道有序疏散至安全地带。 3）利用现场或附近的灭火器进行灭火，并使用消防水枪和喷雾灭火；在不能使用水枪灭火时，根据着火物质的性质，就地取材，保持镇静，合理利用现场配备的消防沙进行灭火。 4）救出被困人员，把被困人员送往就近的医院救治。 5）对火灾现场实施警戒、接应和疏散人员至安全地带。 6）同时向主管领导报告
湿水	1）发生湿水时，应立即对建筑设施采取堵漏措施。 2）当楼层发生水淹而使井道或坑底进水时，应当将电梯轿厢停于进水楼层的上二层，停梯断电，防止轿厢进水。 3）当井道、坑底或机房进水较多时，应立即停梯，关闭电梯总电源，防止发生短路、触电事故。 4）对湿水电梯进行除湿处理，确认湿水消除，须经试梯无异常后，方可恢复使用。 5）电梯恢复使用后，详细填写湿水检查报告，对湿水原因、处理方法、防范措施等记录清楚并存档
困人事故	1）消除人员通过值班电话先安抚乘坐人员的情绪，告知准备进行解救操作，让其耐心等待救援。 2）设备管理部门通知电梯维保公司，要求相关的维修人员必须在30min内赶到事故现场实施救援。 3）安全管理人员做好故障电梯厅门入口处"电梯暂停使用"的警示标志。 4）安全管理部门确认电梯维保公司维修人员30min内未赶到现场后，如轿厢内人员出现不适反应，可立即报告119实施强制救援

注：①捆扎止血：针对出血速度非常快的出血，需要配合结扎止血的方式。此时，先用纱布将伤口盖住，然后在伤口的近心端使用止血带将肢体捆扎住，直到彻底止血。
②胸外心脏按压术：患者仰卧在硬板上或地上，如是软床，应加垫木板。术者一手掌根部放于患者胸骨下2/3处，另一手重叠于上，两臂伸直，依靠术者身体重力向脊柱方向作垂直而有节律的按压。按压时用力须适度，略带冲击性，每次按压使胸骨向下压陷3～4cm，随后放松，使胸骨复原，以利心脏舒张。按压频率成人每分钟60～80次，小儿100次，直至心脏恢复。

6. 公布联系电话

1）电梯维修保养单位应张贴单位名称与24h召修电话。

2）在电梯轿厢内还应张贴本单位值班电话。

3）相关联系电话：①急救：120；②火警：119；③公安：110；④电梯维保公司电话：××××××××。

7. 应急救援演习

1）本单位每年组织一次应急救援演习，使相关岗位人员熟悉预案的内容和措施，提高应急处理能力。

2）演习内容、时间、排险方法、急救预案由电梯安全管理人员拟定，行政领导批准后实施。

3）演习结束后，电梯安全管理人员应将该次演习的情况作书面记录，并进行总结，对存在的问题在下次演习中进行调整、修改。

知识梳理

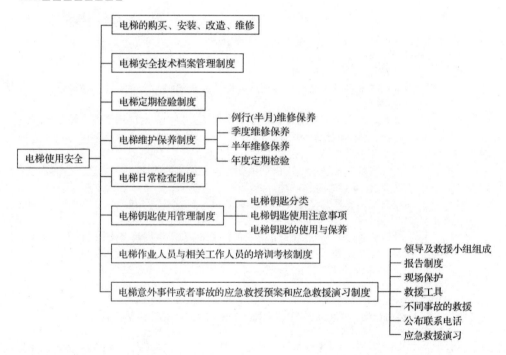

自我检测

一、填空题

1.特种设备安全监督管理部门对特种设备生产、使用单位和检验检测机构实施安全监察,应当对每次安全监察的内容、发现的问题及处理情况,_____,并由参加安全监察的特种设备安全监察人员和被检查单位的_____签字后归档。被检查单位的有关负责人拒绝签字的,特种设备安全监察人员应当将情况记录在案。

2.下列叙述_____符合《特种设备安全监察条例》的规定。

(1)特种设备使用单位应当对单位全体人员进行特种设备安全、节能教育和培训

(2)特种设备使用单位应当对特种设备作业人员进行特种设备安全、节能教育和培训,保证特种设备作业人员具备必要的特种设备安全、节能知识

(3)特种设备作业人员在作业中应当严格执行特种设备的操作规程和有关的安全规章制度

(4)特种设备作业人员在作业中应当服从领导指挥和有关的安全规章制度

3.特种设备作业人员在_____中发现事故隐患或者其他不安全因素,应当立即向_____和单位有关负责人报告。

4.下列叙述_____符合《特种设备安全监察条例》的规定。

(1)特种设备使用单位应当按照安全技术规范的定期检验要求,在安全检验合格有效期届满前1个月向特种设备检验检测机构提出定期检验要求

(2)检验检测机构接到定期检验要求后,应当按照安全技术规范的要求及时进行安全性能检验和能效测试

(3)未经定期检验或者检验不合格的特种设备,不得继续使用

(4)特种设备使用单位应当按照安全技术规范的定期检验要求,在安全检验合格有效期满后,向特种设备检验检测机构提出定期检验要求

(5)特种设备使用单位应当按照安全技术规范的定期检验要求,在安全检验合格有效期届满前1个月向特种设备安全监督管理部门提出定期检验要求

5.电梯钥匙包括:_____、_____、_____、_____、_____。

6.使用三角钥匙时工作人员应站好,保持重心,然后按_____方向,缓慢开启。

二、单选题

1.《特种设备安全监察条例》规定，特种设备在投入使用前或者投入使用后30日内，特种设备使用单位应当向（　　）特种设备安全监督管理部门登记。

A.国务院　　　　　B.省　　　　　C.县级　　　　　D.直辖市或者设区的市的

2.特种设备生产单位，应当依照《特种设备安全监察条例》规定以及国务院特种设备安全监督管理部门制订并公布的（　　）的要求，进行生产活动。

A.安全技术规范　　B.标准　　　C.规程　　　　D.规定

3.《特种设备安全监察条例》规定，特种设备使用单位应当按照安全技术规范的定期检验要求，在安全检验合格有效期届满前（　　）向特种设备检验检测机构提出定期检验要求。

A.20天　　　　　B.3个月　　　C.2个月　　　D.1个月

4.《特种设备安全监察条例》规定，特种设备的安全管理人员应当对特种设备使用状况进行经常性检查，发现问题的应当立即处理；情况紧急时，可以决定（　　）特种设备并及时报告本单位有关负责人。

A.保养　　　　　B.修理　　　C.更换　　　　D.停止使用

5.《特种设备安全监察条例》规定，事故调查报告应当由负责组织事故调查的（　　）的所在地人民政府批复，并报上一级特种设备安全监督管理部门备案。

A.安全监督管理部门　　　　　B.特种设备安全监督管理部门

C.公安消防部门　　　　　　　D.行政执法部门

6.电梯安装队常有（　　）组成。

A.3人　　　　　B.9人　　　　C.4～6人　　　D.15人

7.《特种设备安全监察条例》规定，特种设备使用单位应当使用符合（　　）的特种设备。

A.国家标准　　　　　　　　　B.安全技术规范

C.国家规定　　　　　　　　　D.法律法规

8.特种设备作业人员在作业过程中发现事故隐患或者其他不安全因素，应当立即向现场安全管理人员和（　　）报告。

A.单位分管负责人　　　　　B.单位安全负责人

C.单位主要负责人　　　　　D.单位有关负责人

三、判断题

1.《特种设备安全监察条例》规定，情况紧急时，特种设备的安全管理人

员可以决定停止使用特种设备并及时报告本单位有关负责人。（　　）

2.《特种设备安全监察条例》规定，特种设备使用单位对在用特种设备应当至少每月进行一次自行检查，并作出记录。（　　）

3.《特种设备安全监察条例》规定，特种设备安全技术档案只包括特种设备及其安全附件、安全保护装置、测量调控装置及有关附属仪器仪表的日常维护保养记录。（　　）

4.《特种设备安全监察条例》规定，特种设备使用单位应当对在用特种设备的安全附件进行定期校验、检修，并作出记录。（　　）

5.《特种设备安全监察条例》规定，特种设备作业人员在作业过程中发现事故隐患或者其他不安全因素，应当立即处理，然后向现场安全管理人员和单位有关负责人报告。（　　）

6.《特种设备安全监察条例》规定，检验检测机构接到定期检验要求后，应当按照安全技术规范的要求及时进行安全性能检验。（　　）

7.电梯钥匙的使用保管必须专人负责，电梯钥匙使用不用主管领导同意，可随意使用。（　　）

8.电梯三角钥匙任何人都可以使用。（　　）

9.电梯钥匙使用完毕后应及时交回管理部门，放回原处。（　　）

10.紧急救援时必须先切断电梯控制电源，确认好轿厢位置后再使用紧急开锁钥匙进行救援作业。（　　）

参考答案

11.电梯钥匙必须严格掌管，不得随意乱放。若钥匙丢失，必须及时向有关部门报告，并采取必要措施。（　　）

学习任务 4.2　电梯安全运行

📋 学习目标

1）了解电梯运行的条件和电梯司机安全操作基本规程。

2）掌握电梯在特殊状况下的操作与应对和电梯困人救援。

3）培养学生分析问题和解决问题的能力，使其形成良好的学习习惯，具备继续学习专业技术的能力。

🔄 案例导入

【案例1】

2013 年 6 月 21 日 19 时 8 分左右，某公寓内电梯发生急停事故，造成 2 人受伤。事发时，该公寓内电梯在运行中从 24 楼突然下滑至 21 楼，位于轿厢底部的安全钳意外动作，将轿厢夹持在导轨上，电梯发生意外急停事故，无法继续移动，造成 2 名乘客被困在轿厢内，并遭受不同程度伤害。事发后，电梯维保单位与物业管理公司共同将 2 名乘客救出，并送往医院进行治疗。

【案例2】

2012 年 5 月 9 日上午 9 时 50 分左右，某公司电梯载着 18 名中老年乘客，在层门、轿门未关闭的情况下发生溜车下行，轿厢从 17 楼下行直至蹾底，撞击设置在底坑内的液压缓冲器后停在 1 楼平层位置以下约 500mm 处，轿厢底梁受液压缓冲器冲击严重变形，轿厢内 8 名乘客受伤。

涉事电梯额定载荷为 1000kg（13 人），额定速度为 2.00m/s，20 层 20 站，制造单位为东莞市富士电梯有限公司，并联控制。事故发生时，限速器开关动作，安全钳未动作，控制柜调取的故障代码显示 "1205091002/17/23" 和 "1205091002/10/23"，其含义分别为 17 楼、10 楼严重超载或编码超速故障。

思考：以上电梯事故为什么会在运行时发生？

🌱 知识准备

从中国电梯行业的发展来看，电梯技术不只包括速度的提高，从制造工艺到部件提升以及科技应用都属于电梯技术。中国电梯有过超越国外技术的第四代无机房电梯，现在又有了超过欧美的高层建筑火灾人员疏散电梯，在国际上有了新的竞争力。

4.2.1　电梯运行基本条件

电梯设计、制造、安装必须符合国家有关标准，才能允许投入正式运行。要想确保电梯安全运行，必须具备以下基本条件：

1）根据电梯数量、分布情况、使用忙闲程度，合理配备电梯管理、维修保养人员及司机。根据具体情况设置相应的机构，电梯管理技术人员、电梯维修人员、电梯司机必须受过专业培训，并取得合格证书，方能上岗工作，并应保持人员相对稳定。

2）根据国家有关规定，加强对电梯的管理，建立健全电梯管理规章制度，并且认真执行。

3）建立电梯设备技术档案。

4）建立安全教育制度。

5）电梯电气设备的一切金属外壳，按规定必须采取保护接地措施，其技术要求和指标必须符合有关规定。

6）机房内必须备有消防设备；机房应具有防盗措施与装置；机房内环境温度应符合规定，清洁卫生。

7）井道内应有永久照明灯，轿顶和底坑应有照明灯，灯具安全可靠，照明电压不应超过 36V。

8）轿厢内应设应急灯（图 4-2-1），当断电后能保证轿厢内有一定的亮度。

图 4-2-1　应急灯

9）电梯应具有消防功能装置，轿厢内必须装有与外界联系的电话或对讲机等通信装置。

10）电梯司机、维修人员及电梯管理人员应具有在紧急情况下及时、正确处理问题的能力。

11）电梯司机必需持有上岗操作合格证，无证或非司机绝不允许操作电梯。在操作电梯工作时，必须按照安全操作规程要求去做。绝不允许违章操作，不准私自离岗。

12）在电梯首层层门外和轿厢内，应贴有乘客乘梯须知（图 4-2-2）。乘客在层门外等候时，不准乱拆动层门按钮和指示装置。绝不允许用脚或其他物品去损坏层门，更不允许用自制钢丝等扒层门（图 4-2-3）。应遵守候梯、乘梯的道德。

乘梯注意事项

1、电梯轿厢内必须具有《安全检验合格》标志，未经检验、超过检验周期或者检验不合格的电梯，不得投入使用。

2、乘梯时应相互礼让，不得在轿厢内打闹、蹦跳或进行其他危害电梯安全运行的行为。

3、应正确使用轿厢内外各按键、按钮、请勿乱按，服从有关工作人员的指挥。

4、电梯门在打开状态时，请勿使用外力及物品强行阻止电梯门关闭；电梯运行中，不得用手或其他物件强扒电梯门，以免发生停梯事故。

5、乘用电梯时，请勿在轿厢内吸烟、吐痰或从事其他不文明行为；不准携带易燃、易爆及腐蚀性物品乘坐电梯。

6、学龄前儿童及其他无民事行为能力人搭乘无人值守电梯的，应当有成年人陪同。

7、电梯运行中如发生任何意外，应利用轿厢内警铃和通讯装置与电梯维修管理人员联系，等待救援，切勿强行扒门脱离，以免发生危险。

 禁止吸烟　　 保持清洁　　 24小时监控

图 4-2-2　电梯乘客须知　　　　　图 4-2-3　电梯请勿扒门

13）乘客或其他人，绝不允许站在层门与轿门之间等候或闲谈。在进、出轿门时应尽量迅速，不要在层门与轿门之间停留（图 4-2-4）。

图 4-2-4　电梯门请勿停留

14）电梯载客前，要进行运行前的检查。经检查确认无问题后，才能正式运行。轿厢内绝对不准装带易燃、易爆、易破碎等危险品，也不准装载超过轿厢内高度或宽度的物品。电梯停驶时，应停在规定的层站，仔细检查轿厢内外有无异常现象，然后按停梯的操作程序去做，将轿、层门关好，锁梯后方可离梯。若交接班，应严格按照制度去办。

15）发现电梯有异常情况时，应立即停梯，并及时通知电梯维修人员进行检查，排除故障。电梯绝绝对准带病运行。故障排除后，经试运行正常后，方可正式投入运行。

4.2.2 电梯作业人员职业道德规范

电梯经常处于良好的运行状态，更好地为乘客服务，除了与产品质量有关外，还与电梯的安装质量、正常的维修保养和操作有关，与操作人员、安装人员、维护人员的技术素质、文化素质以及他们的职业道德有关。

1. 电梯操作人员的职业道德

1）热爱祖国，为国争光。每个电梯操作人员，除了为普通百姓服务外，还要为来自世界各地的外宾服务，电梯操作人员的工作态度和个人素质也关系到祖国的尊严和荣誉，所以必须树立热爱本职工作、为祖国争光的思想。

2）文明礼貌。文明是社会进步的标志。礼貌是对他人的关怀和尊敬，是保持人们正常关系的重要准则。不讲文明礼貌就会伤害人与人之间的正常关系。文明礼貌是一个人思想品质好坏的表现。因此，在工作中首先要做到文明用语，热情服务，礼貌待人。

3）行为美。行为美是指一个人的作风、做派、举止要美。要做到行为美，除了要尊重自己的人格，还要尊重别人的人格。工作中应该做到既热情又稳重，不虚伪，使人感到自然大方、可亲可近。做好本职工作，不做与本职工作无关的、有损本人和企业形象的事。

4）遵守劳动纪律和规章制度，认真执行服务标准。

5）努力学习科学文化知识，提高自身素质。

6）熟练掌握电梯专业技能，提高专业知识水平。

2. 电梯操作人员的岗位职责

1）树立"安全第一"的思想，忠实执行安全职责，做到安全工作自我检查，自我监督，自觉贯彻执行各项安全规章制度，把自己置于安全生产责任者的位置。

2）严格执行电梯操作规程。要根据不同的电梯，熟练操作程序，保证自身和乘客的安全。不超载运行，不违章运载危险品、易燃易爆物品。

3）爱护电梯设备，正确合理地使用、操纵电梯，保证电梯的安全运行，延长使用寿命。因此，操纵电梯的按钮、开关用力要恰当，要轻、要稳，严禁拍、打、撞击。在电梯启动运行过程中，要做到"看""听""闻""感觉"。即"看"电梯的各种信号标志是否正确，如方向、楼层指示；"听"电梯运行中有无剐蹭的声音；"闻"有无异常的气味，如糊、焦味等；"感觉"电梯运行的速度有无特别快或特别慢。如有以上现象，应立即停止运行，及时进行维修。要定期、不定期地保养电梯，做好清洁，使电梯外观整洁。

4）认真做好运行记录，要详细记录故障现象，估计原因，现场情况、时间等。

3. 电梯安装维修人员的职业道德

1）主动热情按期按质完成任务，不无故拖延工期，按电梯的相关标准安装、维修电梯。

2）认真遵守施工现场或用户单位的规章制度，说话和气，礼貌待人。施工不扰民，衣着整齐，做到仪表仪容美。

3）不无故损坏施工现场或单位的设备器材。借用器具要征得产权单位同意，若损坏应给予赔偿。

4）作业现场要整洁。零部件、材料、工具应码放整齐，并保持现场清洁卫生。

5）爱护公物。施工用器材、工具，不无故损坏、丢失。

6）急用户所急，想用户所想，不刁难用户，不向用户提出不正当的要求，更不能索取钱物。

7）保证施工安全。作业人员之间要相互关心、相互关照。施工中要精神集中，不说笑打闹，严禁饮酒。现场不准吸烟，更不准乱扔烟头。

8）服从领导，听从指挥，遵守劳动纪律。要听从现场领导的统一指挥，不得自作主张自行作业，更不得擅离工作岗位或做与电梯作业无关的事。

4. 电梯安装维修人员的岗位职责

1）树立"安全第一"的思想：

①电梯作业中要保证乘客和自身的安全，以及设备的安全。

②必须经过安全技术培训，经考核合格才能上岗，否则不得从事电梯的安

装维保作业。

③熟悉掌握电梯的安全操作规程，详细了解作业现场的安全技术交底及作业要求。

2）做好施工作业记录：

①开箱检验记录。

②井道测量及放线记录。

③施工过程中的质量自检、互检记录，包括导轨安装，曳引机安装，轿厢、厅门组装，供电、电气设备安装，安全保护装置安装等记录。

④试运行记录，包括空载、半载、满载、超载等运行记录以及平衡系数测定的记录。

3）平日维修保养及急修记录。电梯出现故障，修复后要有详细记载，电梯维修保养也要有记录。

4）认真学习电梯相关法规，严格执行标准，特别是新标准。

5）熟知安装维保电梯的性能、规格，掌握其安装维修工艺标准和操作要领，保证电梯正常运行。

6）认真做好电梯保养工作，做到以下几点：

①设备完好、干净；

②安全保护装置动作灵敏可靠；

③润滑部有油，不泄漏；

④电梯整机性能运行良好，不带病运行；

⑤维修及时，一般故障不过夜，做到定时定项保养电梯；

⑥遵纪守法，坚守岗位，不无故离岗，不迟到、不早退。

4.2.3　电梯司机安全操作基本规程

电梯必须经检验机构进行验收检验或定期检验，在当地质量技术监督部门办理特种设备使用登记证，并对安全检验合格标志予以确认盖章后，方可投入正式运行。电梯运行操作工（使用说明书注明需司机操作的）和电梯维修操作工必须经培训，考取质量技术监督部门颁发的特种设备作业人员证，方可上岗操作。电梯司机应当认真阅读电梯使用维护保养说明书，了解所操作电梯的原理、性能，熟练掌握操作电梯和处理紧急情况的技能。

1. 一般要求（图 4-2-5）

1）不准超载运行。

2）不允许开启轿厢顶安全窗、安全门运载超长物品。

3）禁止用检修速度作为正常速度运行。

4）电梯运行中不得突然换向。

5）禁止用手以外的物件操纵电梯。

6）客梯不能作为货梯使用。

7）不准运载易燃易爆等危险品。

8）不许用急停按钮作为消除信号和呼梯信号。

9）轿厢顶部不准放置其他物品。

10）关门启动前禁止乘客在厅、轿门中间逗留、打闹，更不准乘客触动操纵盘上的开关和按钮。

11）操作工或电梯日常运行负责者下班时，应对电梯进行检查，将工作中发现的问题及检查情况记录在运行检查记录表和交接班记录簿中，并交给接班人。

图 4-2-5　电梯部分要求

2. 电梯运行前司机应做好的准备与检查工作

1）观察轿厢是否停在该层站。

2）打开层门进入轿厢。

3）打开轿厢内的照明。

4）对轿厢内、轿门地槽及乘客可见部分进行日常清洁。

5）每日开始工作前，将电梯控制开关打到"正常"或"司机"位置，观察，检查以下项目：

①检查选层、启动、换速、平层、开门速度、关门速度、安全触板等有没有异常现象或者异常响声；

②检查各个信号的指示灯是否正常发亮，有无损坏情况；

③检查各个机械开关、电器开关、停止启动按钮等是否都能正常工作，有无不起作用的情况；

④依次检查厅门、轿门的关闭情况，验证厅门、轿门的电器联锁是否良好；

⑤验证警铃是否正常工作，电话是否灵敏畅通。

6）各个方面的检查完成后，确认电梯无异常情况，方可继续投入使用。

3. 电梯运行中司机应该注意的事项

1）轿厢的载重量应不超过额定载重量。

2）乘客电梯不许经常作为载货电梯使用。

3）不允许装运易燃、易爆的危险物品，如遇特殊情况，须管理处同意、批准并严加安全保护措施后装运。

4）严禁在层门开启的情况下，掀按检修按钮来开动电梯作一般行驶，不允许掀按检修、急停按钮来消除正常行驶中的选层信号。

5）不允许利用轿顶安全窗、轿厢安全门的开启来装运长物件。

6）电梯在行驶中，应劝阻乘客勿靠在轿厢门上。

7）轿厢顶上部，除电梯固有设备外，不得放置他物。

8）疏导乘客不要在层门和轿门间停留，禁止乘客在轿厢内吸烟。不允许乘客在轿厢内打闹、蹦跳等。

9）禁止用笔、棍等其他物品代替手指操纵电梯。

10）行驶时不得突然换向，必要时先将轿厢停止，再换向启动。

11）司机在服务时间内，不得操纵与电梯无关的工作，不准脱离岗位。

12）电梯使用过程中如出现异常情况，司机应停止运行，并向管理人员报告，由管理人员负责处理。

13）当电梯使用中发生如下故障时，应立即通知维修人员，停用检修：

①层、轿门完全关闭后，电梯未能正常行驶时；

②运行速度显著变化时；

③层、轿门关闭前，电梯自行行驶时；

④行驶方向与选定方向相反时；

⑤内选、平层、快速、召唤和指层信号失灵失控时；

⑥发觉有异常噪声、较大振动和冲击时；

⑦轿厢在额定载重量下超越端站位置而继续运行时；

⑧安全钳误动作时；

⑨接触电梯的任何金属部位有麻电现象时；

⑩发觉电气部件因过热而发出焦热的臭味时。

4. 电梯运行后，司机应做好的工作

1）如果有交班人员，需要当面交接，做好交接班记录。

2）如果无交班人员，需要将电梯停在基站，关闭电梯控制电源、照明、层门。

4.2.4　电梯的特殊功能

1. 检修操作状态

检修操作是指电梯处于检修状态时使用的操作方式。这是在检修理或调试电梯时使用的操作功能。当符合运行条件时，按上下行按钮（图4-2-6）可使电梯以检修速度点动向上或向下运行。持续按下按钮，电梯保持运行，松开按钮即停止运行。

图4-2-6　上下行按钮

检修轿厢导轨、对重导轨、限位开关等设备时，检修人员需要在轿顶上操纵电梯慢速上行或者下行。这时需要将轿顶上的检修开关拨向轿顶操作位置，这样控制柜内检修操作将不起作用，起到了防止误操作的作用，对检修人员起到保护作用。

当检修人员在某一个位置停下进行检修作业时，需要将检修箱上的急停开关拨向切断控制回路的位置，从而保证电梯绝对不能运行。

为了方便检修电梯开门机系统的零部件和电气部件，在检修状态下也能使电梯门停于任意位置。此时，按住轿厢内操纵箱上的开门按钮或关门按钮，手松开时电梯门即可停于任意位置。

电梯检修慢速运行时，一般不少于两人，要相互配合，有呼有应。在轿厢顶进行检修操作运行时，必须要把外厅门全部闭合。

2. 消防状态

电梯按照消防功能分为两种：一种是普通电梯，即不具备防火功能的电梯，就是当发生火灾时，消防开关（图4-2-7）动作后，外呼和内选信号无效，轿厢直接回到指定撤离层，轿厢门自动打开，此时的电梯应该处于停止使用状态；另一种是消防电梯，就是当发生火灾时，消防开关动作后，电梯不响应外召唤信号，轿厢直接返回撤离层且轿厢门自动打开，此时的电梯处于待命状态，等待消防员或专业人员发出指令。

图 4-2-7　消防开关

消防电梯通常具备完善的消防功能：

1）消防电梯（图 4-2-8）设有前室，前室应设有乙级防火门，使其具有防火、防烟的功能。

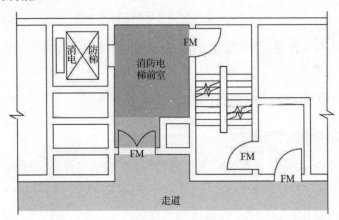

图 4-2-8　消防电梯

2）双路电源供电，在电梯电源中断时，消防电梯的紧急电源能自动投合，可以继续供电，以保证电梯的运行；其动力与控制电线应采取防水措施。

3）具有紧急控制功能，即当大楼发生火灾时，它可接受指令，及时返回首层，而途中不再继续接纳乘客，专供消防人员救援使用。

4）消防电梯的额定载重量不宜小于 800kg；轿厢的平面尺寸不宜小于 1.35m×1.40m，门宽不宜小于 0.8m，其作用在于能搬运较大型的消防器具和放置救生的担架；在轿厢顶部留有一个紧急疏散出口，万一电梯的开门机构失灵，也可由此处通道向外逃生。轿厢内的装修材料必须是非燃建材，轿厢内应设有专用电话。

5）消防电梯的门口应设有漫坡防水措施；电梯井道底坑设有排水设施（图4-2-9），集水坑容积不小于 $2m^3$，潜水排污泵流量不小于 10L/s。

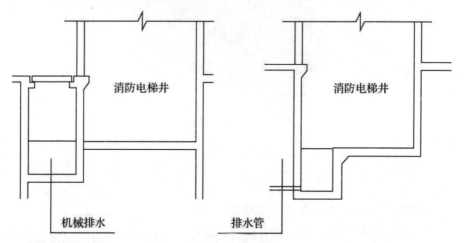

[注释]排水井容量应 $\geqslant 2m^3$，排水泵的排水量应 $\geqslant$10L/s。

图 4-2-9　电梯井道底坑设有排水设施

6）消防电梯自首层到顶层全程的运行时间不能大于 60s。

4.2.5　电梯在特殊状况下的操作与应对

1. 电梯停电时的操作

电梯应急电源是指在电梯出现故障时，能够提供电梯运行所需电能的设备。它是电梯安全运行的重要保障，也是电梯安全系统的重要组成部分。它的工作原理是，当电梯出现故障时，应急电源会自动启动，提供电梯运行所需的电能，以保证电梯的安全运行。此外，电梯应急电源还具有自动检测功能，可以实时监测电梯的运行状态，及时发现故障。

设有紧急备用电源的电梯，可在电网系统停电后供电梯短时运行至就近楼层平层处，将轿内乘客疏散。在紧急备用电源供电时，多台电梯只能逐台运行至就近楼层疏散乘客，而不能同时用此紧急备用电源供电给多台电梯运行。当将所有电梯通电运行至就近楼层疏散完乘客后，根据备用电源的容量，除了保证一台电梯使用外，尚可供给另外 1～2 台电梯使用时，也可使其他电梯处于紧急备用电源供电的运行状态。

电梯应急电源的类型有多种，其中最常用的是锂电池应急电源。锂电池应急电源具有质量小、体积小、安装简单、维护方便等优点，可以满足电梯安全运行的要求。

2. 发生火灾时的操作

当发生火灾时，在受消防控制中心指令或首层消防员专用操作按钮控制进入消防状态的情况下，应达到：

1）电梯如果正处于上行中，则立即在层停靠，不开门，然后返回首层站，并自动打开电梯门。

2）如果电梯处于下行中，立即关门返回首层站，并自动打开电梯门。

3）如果电梯已在首层，则立即打开电梯门进入消防员专用状态。

4）各楼层的呼梯按钮失去作用，召唤切除。

5）恢复轿厢内指令按钮功能，以便消防员操作。

6）关门按钮无自保持功能。

7）如果电梯因为安全装置动作而停止运行，应保持原状态。

3. 发生地震时的操作

地震总是突如其来的发生，尽管有一丝丝地震前兆，人们还是防不设防。

1）当地震来了你还在电梯里时，应按以下方式操作：

①将操作盘上各楼层的按钮全部按下，一旦停下，迅速离开电梯，确认安全后避难；

②保存自己的体能和力气，以争取最长的时间自救或等待被救；

③万一被关在电梯中，请通过电梯中的专用电话与管理室联系、求助。

2）高层大厦及近来的建筑物的电梯都装有管制运行的装置。地震发生时，会自动动作，停在最近的楼层。这时你要马上出去，采取安全避震措施。电梯应该按下列方式操作：

①取消所有登记的轿厢和层站召唤指令，而且不响应新的召唤指令。

②运行中的电梯应降低速度或停止后以不超过 0.3m/s 的速度向上或向下继续运行到最近的层站。

③如果电梯在层站，对于具有动力驱动的自动门电梯，应开门，退出服务并保持开门状态；对于具有手动门或动力驱动的非自动门电梯，应保持原状态，退出服务并使门保持在开锁状态。

4. 电梯井道进水和轿厢湿水时的操作

1）发现电梯井道内进水时，应采取以下办法进行处理：

①一般将电梯开至高于进水的楼层，切断电梯的电源。

②如果水已经将电梯轿厢淋湿，无论何层，应立即停驶，然后切断电源。

③立即通知维护保养单位人员到现场采取相应措施。

2）发现电梯底坑进水时，采取如下办法进行处理：

①当电梯进水时，首先关闭主电源，防止电气短路，避免设备损坏。同时采取溜车的方式，将电梯停于最高层，防止水浸泡电梯轿厢及其电气等设备。

②当水从电梯最低层厅门口进入底坑时，如果进的水超过5cm，则用潜水泵进行排水。潜水泵未排干的水，用簸箕、勺子、水桶等工具，将水清除干净。如果进的水不超过5cm，则直接用簸箕、勺子、水桶等工具，将水清除干净。

③当水从电梯机房或底层以上厅门口进入底坑时，如果进的水超过5cm，则用潜水泵进行排水。潜水泵未排干的水，用簸箕、勺子、水桶等工具，将水清除干净。如果进的水不超过5cm，则直接用簸箕、勺子、水桶等工具，将水清除干净。

④当水从电梯底坑墙壁渗入底坑时，如果进的水超过5cm，则用潜水泵进行排水。潜水泵未排干的水，用簸箕、勺子、水桶等工具，将水清除干净。如果进的水不超过5cm，则直接用簸箕、勺子、水桶等工具，将水清除干净。然后，报告电梯使用单位，对电梯进行防渗漏水处理，以免再渗水。

⑤底坑的水清除之后，采取自然通风的方式，排除被水浸泡过的电梯电气设备上的水汽。或者用吹风机吹干被水浸泡过的电梯电气设备上的水汽。然后，对被水浸泡过的电梯设备进行检测，确定正常后，对电梯进行试运行，如无异常，电梯投入正常运行。

5. 电梯失控下的操作

电梯失控而安全钳尚未起作用时，司机应保持镇静，告诉乘客做好承受因轿厢急停或冲顶、蹾底而产生冲击的思想准备和动作准备（一般采用屈膝、脚跟抬起动作，图4-2-10）。司机可利用一切通信设施（如警铃按钮、通信电话等）通知维护保养人员。

1）马上按下电梯里每一层楼的按键，当紧急电源启动时，电梯便会停止下坠。

2）如电梯里有手把，一只手紧紧握住，可固定位置，减低因重心不稳而摔伤。

3）从头部到背部紧贴电梯墙壁，利用电梯墙壁作为脊椎防护。

4）韧带是人骨中最具弹性的组织，弯曲膝盖可借助韧带承受压力。

5）踮起脚后跟，可形成一个类似弹簧的减震器，能缓解着地时的压力，保护双腿和脚后跟。

1.不论有几层楼，迅速把每层楼的按键都按下

2.整个背部和头部紧贴电梯内墙，呈一直线

3.如果电梯内有扶手，最好紧握把手

4.如果电梯内没有扶手，用手抱颈

5.膝盖呈弯曲姿势

6.脚尖点地、脚跟提起

图 4-2-10　电梯下坠时的自我保护动作

6）乘坐电梯时，尽量不要乘坐危险系数较高的老旧电梯，乘坐前查看电梯检修牌。

4.2.6　乘客电梯的无司机常规运行

1. 有/无司机工作状态的转换

想要使电梯由有司机状态转换成无司机状态，需要将电梯操纵箱（图4-2-11）上的钥匙开关置于"自动"位置；若想要使电梯由无司机状态转换为有司机状态，则需要将电梯操纵箱上的钥匙开关置于"司机"位置。

图 4-2-11　电梯操纵箱

2. 电梯选层和自动定向

电梯的选层和上下定向都是由乘客在轿厢内控制的，乘客按照内呼上的操作按钮，到达想要达到的楼层，即可使电梯定出方向。

当电梯轿厢内没有乘客时，电梯会停留在此楼层。由各个楼层的乘客按层站的外呼按钮，也可以使电梯定出运行方向。当电梯门已关闭，则立即去应答某个楼层乘客的要求。

3. 自动开关门

电梯到达层站开门后开始倒计，到达规定秒数后自动关门。按轿厢所在的层站按钮或者轿厢内的控制电梯门打开的按钮，即可立即停止关门并重新开门。

由于关门时间设定好之后，关门是自动的，如果乘客认为关门时间过长，则可通过轿厢内的关门按钮缩短关门时间，电梯将自动关门。

4. 强迫自动关门

当乘客人为延长关门时间时，电梯红外线光幕被长时间挡住，电梯系统程序就会识别，使蜂鸣器发出响声，促使阻挡关门的人员立即离开。这一过程是自动的，不需要人为控制。

4.2.7 电梯安全乘用要求

1. 通用要求

为保证乘客的人身安全和电梯设备的正常，请遵照以下规定正确使用电梯。

1）禁止携带易燃、易爆或带腐蚀性的危险品乘坐电梯。

2）乘坐电梯时，请勿在轿厢内左右摇晃，禁止乘梯过程中玩耍、打闹、跳动。

3）禁止在轿厢内吸烟，以免引起火灾。

4）电梯因停电、故障等使乘客被困轿厢内时，乘客应保持镇静，及时与电梯管理人员取得联络。

5）乘客被困轿厢内时，严禁强行扒开轿门，以防发生人身剪切或坠落伤亡事故。

6）乘客发现电梯运行异常时，应立即停止乘用，并及时通知维保人员前来检查修理。

7）乘坐客梯时需注意载荷，如发生超载，请自动减员，以免因超载发生危险。

8）当电梯门快要关上时，不要强行冲进电梯、不要背靠轿门站立。

9）进入电梯后不要背对电梯门，以防门打开时摔倒，并且不要退步出电梯。进出电梯时注意是否平层。

10）电梯乘客应遵守乘坐须知、听从电梯服务人员的安排，正确使用电梯。如果遇到运行不正常情况，应按照安全指引有序撤离。

11）儿童及其他无民事行为能力的人搭乘无人值守电梯的，应当有健康成年人陪同。

12）发生火灾、地震等灾害时，禁止乘用电梯。

13）禁止使用电梯运送未密封包装的水或者其他液体。

2. 载人（货）电梯安全乘用要求

（1）呼梯要求

1）乘客用手指按压外呼按钮，不要反复、长时按压。

2）禁止使用钥匙、手机、雨伞等按压外呼按钮，禁止推、踢、扒门，禁止用身体倚靠、撞击层门。

（2）进入电梯前的要求

1）等待电梯门打开、停稳，在平层位置。

2）进入电梯，若电梯发出超载提醒声音，则需要及时退出等待。

（3）进入电梯的要求

1）有序先出后进，不得拥挤。

2）快速进入电梯，不得在门口停留。

3）如有搬运物品应小心搬运，防止碰撞电梯，并居中放置。

4）按下目的楼层按钮，不得多按其他选层按钮。

（4）电梯运行中的要求

1）保持轿厢内清洁，不得吸烟、吐痰等。

2）不能依靠、撞击电梯门。

3）不可恶意使用电梯，不得损坏电梯内呼按钮。

4）应注意电梯运行状态。

（5）走出电梯的要求

1）待电梯到达目的楼层并停稳后，快速走出电梯。

2）应该有序先出后进，不得拥挤。

3）搬运物品时注意不要碰撞电梯。

（6）异常情况处理

1）寻找电梯内部紧急呼叫按钮或拨打应急电话，与值班室或监控室联系。

2）当轿厢内紧急呼叫按钮或紧急电话失效时，应及时拨打"110""119"等公共救援电话，并告知电梯编号和具体位置信息。

3）被困于电梯应该耐心等待救援，禁止采用扒门方式自救。

4）若发现电梯故障，应该及时通知物业或管理部门。物业或者管理部门应该及时通知维修保养单位处理，并做好登记。

3. 自动扶梯和自动人行道安全乘用要求

（1）进入自动扶梯或者自动人行道之前的要求

1）要明确自动扶梯或自动人行道的运行方向，禁止逆行。

2）不可以光脚或者穿很软的鞋子乘梯。

3）禁止婴儿车、手推车搭乘自动扶梯或者自动人行道，只可用专门的手推车。

4）禁止用自动扶梯和自动人行道运货。

（2）乘坐自动扶梯或者自动人行道的要求

1）确认安全后，迅速踏入自动扶梯或者自动人行道。

2）应该按照运行方向站好，扶好扶手带。

3）禁止将身体部位伸出自动扶梯或者自动人行道。

4）禁止倚靠自动扶梯或者自动人行道。

5）不可在入口逗留。

6）发现紧急情况，应立刻按下急停按钮，并及时通知物业及管理部门。物业及管理部门应该及时通知维保单位做好维保。

4.2.8　电梯困人救援

1. 曳引电梯困人救援

1）通过轿内紧急救援装置、求救电话、人员呼喊等了解被困人员的数量、信息、事故发生的经过等，并与轿内人员保持通话，安抚好轿内被困人员。

2）及时通知公安、医院、消防等，防止被困人员有受伤等情况。及时拉起警戒线，并疏散周围群众。

3）有机房电梯轿厢在开锁区域范围，按以下程序实施救援：

①进入机房，断开困人电梯电源开关并确认，上锁防止误操作；

②通过观察钢丝绳标记或显示装置，确认是否在开锁位置；

③用层门三角钥匙打开轿厢所在楼层的层、轿门;

④若轿门未被同时打开,用层门三角钥匙或永久性设置在现场的工具开启轿门;

⑤协助被困人员离开轿厢,并重新关好层门。

4) 有机房电梯轿厢在非开锁区域范围,按以下程序实施救援:

①进入机房,断开困人电梯电源开关并确认,上锁防止误操作;

②查明电梯轿厢是否有卡阻,若有卡阻,应先排除卡阻故障;

③严格按照电梯盘车救援程序将轿厢盘至开锁区域;

④盘车到开锁区域之后,再按照在开锁范围的救援方式开始救援。

2. 自动扶梯或自动人行道困人救援

1) 断开自动扶梯或者自动人行道的电源,并上锁,防止误操作。

2) 查看乘客被困在哪里,然后根据需要拆解自动扶梯或自动人行道部件。

3) 将乘客解救出来,并及时根据需要就医。

4.2.9 电梯异常情况的辨识与处理

电梯异常情况主要表现为以下几种形式:

1) 行驶方向与选定方向相反。

2) 层、轿门关闭后,电梯不能正常行驶。

3) 层、轿门未关闭,电梯自动行驶。

4) 运行速度有明显变化。

5) 内选、平层、快速、召唤和指层信号失灵失控。

6) 轿厢在额定载重量下,超越端站位置而继续运行。

7) 运行中突然停车。

8) 有异常噪声、较大振动和冲击。

9) 轿厢的金属部分有麻电现象。

10) 能够闻到焦煳的气味。

11) 机房内漏油滴入轿厢和电梯发生湿水事故。

12) 安全钳误动作。

电梯出现异常情况时,应当立即停止使用,关闭控制电源,并通知维护保养单位检查处理。待恢复正常后,方可投入使用。

📊 知识梳理

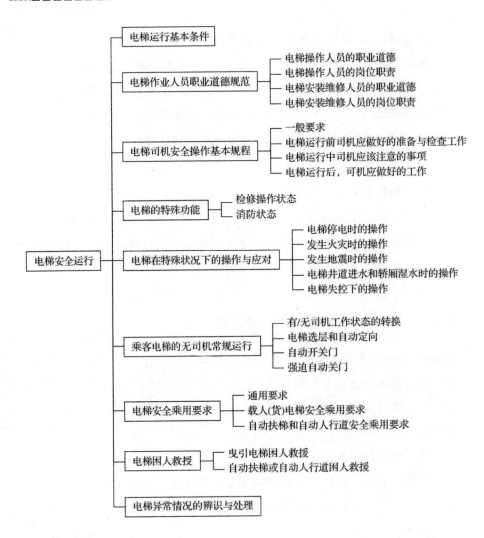

📋 自我检测

一、填空题

1.轿厢内,应设有_____,当断电后能保证轿厢内有一定的亮度。

2.电梯每日开始工作前,将电梯控制开关打到"_____"或"_____"位置。

3._____是电梯处于检修状态时使用的操作方式,是在检修或调试电梯时使用的操作功能。

4.消防电梯的额定载重量不宜小于_____;轿厢的平面尺寸不宜小于

1.35m×1.40m，门宽不宜小于0.8m，其作用在于能搬运较大型的消防器具和放置救生的担架。

5.当电梯进水时，首先关闭主电源，防止电气短路，避免设备损坏。同时采取_____的方式，将电梯停于最高层，防止水浸泡电梯轿厢及其电气等设备。

6.电梯由有司机状态转换成无司机状态，需要将电梯操纵箱上的钥匙开关置于"_____"位置；若想要使电梯由无司机状态转换为有司机状态，则需要将电梯操纵箱上的钥匙开关置于"_____"位置。

二、单选题

1.等候电梯时，错误的行为是（　　）。

A.按钮按亮后反复按压

B.不要拍打或用尖利硬物触打按钮

C.候梯时，严禁依靠层门

D.不要手推、撞击、脚踢层门或用手持物撬开层门

2.下面行为中，在乘坐电梯时容易造成电梯事故的是（　　）。

A.随意按按钮　　　　　　　　B.在电梯内打闹、跳动、左右摇摆

C.超载使用　　　　　　　　　D.以上全部

3.如发现所住小区电梯有安全隐患，以下做法错误的是（　　）。

A.立即通知物业管理公司

B.拨打轿厢内粘贴的电梯维修单位保养人员电话

C.直接离开，不予理睬

D.告知其他乘客

4.电梯发生湿水时的应急措施是（　　）。

A.将电梯轿厢停于进水层站的上二层，停梯断电，以防止电梯轿厢进水；并立即将情况向上级报告，同时立即通知电梯维修保养单位人员

B.当底坑井道或机房进水较多时，应当立即停梯，断开总电源开关

C.对湿水电梯应当进行除湿处理。确认湿水消除，并经试梯无异常后，方可恢复使用

D.以上全部

5.井道内的逃生门在锁住的情况下，应该用（　　）从井道内将门打开。

A.钥匙　　　　　B.螺丝刀　　　　　C.专用工具　　　　　D.不用工具

6.新梯在（　　）才允许正式使用。

A.电梯安装并调试好后　　　　B.电梯电源在市电进入后

C.政府验收合格后　　　　　　D.政府验收合格并取得合格证后

7.进入电梯过程中，以下行为错误的是（　　）。

A.厅门一打开就快速进入轿厢　　B.看清电梯轿厢是否停靠在本层

C.看检验合格证是否到期　　　　D.看轿厢是否在平层

8.电梯使用年限达（　　），应进行电梯安全性能评估。

A.8 年　　　　　　B.10 年　　　　　C.15 年　　　　　　D.20 年

9.乘坐电梯，首先要注意查看电梯内有没有质量技术监督部门核发的（　　）标志，并注意标志是否在有效期内，这是保障安全的前提。

A.电梯安全检验合格　　　　　B.卫生

C.戒烟　　　　　　　　　　　D.宣传

10.在乘梯楼层电梯入口处，当需要下行方向乘坐电梯时，需要按（　　）箭头按钮，只要按钮上的灯亮，就说明呼叫已被记录，只要等待电梯到来即可。

A.上方向　　　　B.下方向　　　　C.两个都按　　　　D.两个都不按

11.进入轿厢后，根据需要到达的楼层，按下轿厢内操纵盘上（　　）对应的数字按钮。只要该按钮灯亮，则说明选层已被记录，此时不用进行其他任何操作，只要等电梯到达目的层停靠即可。

A.任意按钮　　　B.需要到达楼层　　C.关门按钮　　　D.开门按钮

12.被困电梯时，请勿惊慌，应使用（　　），告知监控人员，不得强行出电梯轿厢，以免出现意外伤害。

A.电梯内警铃或通话装置　　　　B.用手扒门

C.大喊大叫　　　　　　　　　　D.敲击电梯轿壁

13.当需要搬运家私或请外单位运送大件物品使用时，应向（　　）告知，切莫私自操作电梯，以免造成危险。

A.电梯管理员　　B.其他乘客　　　C.业主　　　　　D.清洁工

14.乘坐电梯时，乘客在轿厢内身体切莫依靠在（　　）上，以免轿门开启、关闭时造成身体伤害。

A.轿壁　　　　　B.轿门　　　　　C.扶手　　　　　　D.其他乘客

15.当电梯内人员过多时，不得（　　），后进入电梯的乘客要立即退出电梯，直到没有报警声为止。

A.超载　　　　　B.空载　　　　　C.携带物品　　　　D.使用手机

16.当电梯维修、保养时，维修人员应在厅门口（　　）说明电梯正在维修保养，提醒乘客乘坐其他电梯或改走楼梯，以免发生危险。

A.放置安全护栏及警示标志　　　B.继续让乘客乘坐该电梯

C.无任何提示　　　　　　　　　D.用手挡住电梯门

17.电梯在开启状态时，严禁（　　　）强行阻止电梯门关闭，以免发生危险。

A.使用外力或物品　　　　　　　B.按住开门按钮

C.自行关闭　　　　　　　　　　D.静观其变

18.电梯内运输货物时，应（　　　），以保持电梯运行平衡稳定。

A.随意堆放　　　　　　　　　　B.堆放均匀整齐

C.堆放电梯角落　　　　　　　　D.踩在货物上

19.乘坐扶梯时应靠（　　　）站立，耐心等待，为需要急行的乘客让出左侧通道。

A.左侧　　　　B.右侧　　　　C.中间　　　　D.无所谓

20.电梯盘车救援放人时，应切断电梯主电源，但必须保证（　　　）不受影响。

A.轿厢内照明及通风　　　　　　B.电梯对讲电源

C.电梯插座电源　　　　　　　　D.包括 ABC

三、判断题

1.上下班晚高峰使用电梯要排队等待，等电梯开门后先让轿内乘客出来，再有序进入电梯。（　　　）

2.老幼病残乘坐电梯时需要有家人陪同。（　　　）

3.易燃易爆物品，只要包装完好，就可以用电梯运载。（　　　）

4.当发生电梯困人时，在保证安全的情况下可以扒开电梯门，寻找逃生机会。（　　　）

5.带小孩乘坐电梯时，要看好小孩，不允许小孩在电梯内蹦跳、玩闹。（　　　）

6.电梯故障困人应该有电梯专业人员救助。（　　　）

7.乘搭自动扶梯时，如果扶梯运行速度过慢，可以在扶梯梯级上小跑。（　　　）

8.发生火灾时，应该尽快乘坐电梯逃离。（　　　）

9.由于故障，急速下降的电梯可以采取扒轿门的方式进行自救。（　　　）

10.遇到火灾、地震、电梯浸水等自然灾害时，不可乘坐电

参考答案

梯逃生。（　　　）

学习任务 4.3　电梯安全保护装置

学习目标

1）了解电梯的各种安全保护装置。

2）掌握重要的电梯安全保护装置，如防止越程的保护装置、超速保护装置、缓冲装置等。

3）具有从实际出发思考问题、解决问题的客观认知，养成踏实严谨的学习态度。

案例导入

某电机厂办公大楼有一台手开门电梯，有一天大楼办公室内部进行调整，使用该电梯搬运办公用具。由于无专职驾驶员，电梯在运行时，大家相互传递使用同一把专用的三角钥匙。当某部门领导拿到三角钥匙后，打开基站层门，便一脚跨入。由于轿厢不在基站，他坠落底坑，造成股骨骨折。

思考：造成此次事故的主要原因以及电梯缺少的安全装置是什么？

知识准备

电梯是频繁载人的垂直运输工具，必须有足够的安全性。电梯的安全，不仅是对人员的保护，同时也是对电梯本身和所载物资以及安装电梯的建筑物进行保护。为了确保电梯运行中的安全，在设计时设置了多种机械、电气安全装置，这些装置共同组成了电梯安全保护系统，以防任何不安全的情况发生。同时，必须注意电梯的维护和使用，随时检查安全保护装置的状态是否正常有效。很多事故都是由于未能发现、检查到电梯状态不良和未能及时维护检修，以及不正确使用造成的。所以，司机必须了解电梯的工作原理，能及时发现隐患并正确合理地使用电梯。

4.3.1　防超越行程的保护

为防止由于控制方面的故障，电梯轿厢超越顶层或底层端站继续运行，必须设置保护装置，以防发生严重的后果和结构损坏。

1. 防止越程保护装置的组成（表 4-3-1）

表 4-3-1　防止越程保护装置的组成

名称	保护作用	位置	共同点
强迫换速开关	防止越程的第一道关	在端站正常换速开关之后	这些开关或碰轮都安装在固定于导轨的支架上，由安装在轿厢上的打板（撞杆）触动而动作
限位开关	防止越程的第二道关	在井道上下端	
极限开关	防止越程的第三道关	尽量接近端站，但必须确保与限位开关不联动	

2. 防止越程保护装置的工作（表 4-3-2）

表 4-3-2　防止越程保护装置的工作

名称	工作	图片
强迫换速开关	当开关撞动时，轿厢立即强制转为低速运行。在速度比较高的电梯中，可设几个强迫换速开关，分别用于短行程和长行程的强迫换速	换速开关 限位开关 极限开关
限位开关	当轿厢在端站没有停层而触动限位开关时，立即切断方向控制电路，使电梯停止运行。但此时仅仅是防止向危险方向运行，电梯仍能向安全方向运行	
极限开关[①]	若限位开关动作后，电梯仍不能停止运行，则触动极限开关切断电路，使驱动主机迅速停止运转	

注：①极限开关：对交流调压调速电梯和变频调速电梯，极限开关动作后，应能使驱动主机迅速停止运转；对单速或双速电梯，应切断主电路或主接触器线圈电路，极限开关动作应能防止电梯在两个方向运行，而且不经过称职的人员调整，电梯不能自动恢复运行。

3. 电气开关或极限开关的安装示意图

图 4-3-1 是目前广泛使用的电气开关或极限开关的安装示意图。其强迫换速开关、限位开关和极限开关均为电气开关，尤其是限位和极限开关必须符合电气安全触点要求。

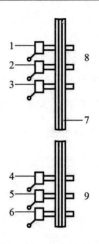

图 4-3-1　电气式终端极限开关及其前面另外两个开关

1、6—终端极限开关；2—上限位开关；3—上强迫减速开关；4—下强迫减速开关；

5—下限位开关；7—导轨；8—井道顶部；9—井道底部

图 4-3-2 是使用铁壳刀闸作极限开关的安装示意图，刀闸极限开关安装在机房，刀闸刀片转轴的一端装有棘轮，上绕有钢丝绳。钢丝绳的一端通过导轮接到井道顶上、下极限开关碰轮，另一端吊有配重，以张紧钢丝绳。当轿厢的打板撞动碰轮时，由钢丝绳传动将刀闸断开。由于刀闸串在主电路上，主电路就断开了。在轿厢打板与碰轮脱离后，再由人工将刀闸复位。这种极限开关由于传动比较复杂，在大提升高度时钢丝绳不易张紧而易误动作，目前只在一些旧电梯和低层站的货梯中有使用。

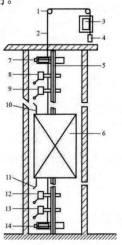

图 4-3-2　防越程保护开关的设置

1—导轮；2—钢丝绳；3—终端极限开关；4—张紧配重；5—导轨；6—轿厢；

7—极限开关上碰轮；8—上限位开关；9—上强迫减速开关；10—上开关打板；

11—下开关打板；12—下强迫减速开关；13—下限位开关；14—极限开关下碰轮

4. 防止越程保护装置的启动

防越程保护开关都是由安装在轿厢上的打板（撞杆）触动的，打板必须保证有足够的长度，在轿厢整个越程的范围内都能压住开关，而且开关的控制电路要保证开关被压住（断开）时，电路始终不能接通。

限位开关和极限开关必须符合电气安全触点要求，不能使用普通的行程开关和磁开关、干簧管开关等传感装置。

5. 防越程的保护装置的缺点

防越程保护装置只能防止在运行中控制故障造成的越程，若是由于曳引绳打滑制动器失效或制动力不足造成轿厢越程，上述保护装置是无能为力的。

4.3.2　超速保护装置——限速器和安全钳

正常运行的轿厢，一般发生坠落事故的可能性极小，但也不能完全排除这种可能性。

一般常见的有以下几种可能的原因：

1）曳引钢丝绳因各种原因全部折断。

2）蜗轮蜗杆的轮齿、轴、键、销折断。

3）曳引摩擦绳槽严重磨损，造成当量摩擦系数急剧下降而平衡失调，轿厢又超载，则钢丝绳和曳引轮打滑。

4）轿厢超载严重，平衡失调，制动器失灵。

5）因某些特殊原因，如平衡对重偏轻、轿厢自重偏轻，造成钢丝绳对曳引轮压力严重减少，致使轿厢侧或对重侧平衡失调，使钢丝绳在曳引轮上打滑。

只要发生以上五种原因中的一种，就可能发生轿厢（或对重）急速坠落的严重事故。

因此按照国家有关规定，乘客电梯、载货电梯、医用电梯等都应装置限速器和安全钳系统。

1. 限速器和安全钳的作用

当电梯在运行中，无论何种原因使轿厢发生超速，甚至坠落的危险状况，而所有其他安全保护装置均未起作用的情况下，则靠限速器、安全钳（轿厢在运行途中起作用）和缓冲器的作用使轿厢停住，而不致使乘客和设备受到伤害。所以，限速器和安全钳是防止电梯超速和失控的保护装置。

2. 限速器——速度反应和操作安全钳的装置（表 4-3-3）

表 4-3-3　限速器简介

作用	1）当轿厢运行速度达到限定值时（一般为额定速度的 115% 以上），能发出电信号并产生机械动作，以引起安全钳工作 2）限速器在电梯超速，并在超速达到临界值时起检测及操纵作用
位置	安装在电梯机房或隔音层的地面，它的平面位置一般在轿厢的左后角或右前角处
限速器绳	限速器绳的张紧轮安装在井道底坑（图 4-3-3） 图 4-3-3　限速器与轿厢的相对位置平面图 1—轿厢；2—轿厢导轨；3—限速器；4—对重； 5—对重导轨；6—井道围壁 限速器绳绕经限速器轮和张紧轮形成一个全封闭的环路，其两端通过绳头连接架安装在轿厢架上，操纵安全钳的杠杆系统。张紧轮的重量使限速器绳保持张紧，并在限速器轮槽和限速器绳之间形成摩擦力。轿厢上、下运行同步带动限速器绳运动，从而带动限速器轮转动（图 4-3-4） 图 4-3-4　限速器装置的传动系统 1—限速器；2—张紧轮；3—重砣；4—固定螺钉； 5—连接轿厢架

限速器绳应选柔性良好的钢丝绳，其绳径不小于 6mm，安全系数不小于 8

由安装于底坑的张紧装置予以张紧，张紧装置的重量应使正常运行时钢丝绳在限速器绳轮的槽内不打滑，且悬挂的限速器绳不摆动。张紧装置应有上下活动的导向装置。限速器绳轮和张紧轮的节圆直径应不小于所用限速器绳直径的 30 倍。为了防止限速器绳断裂或过度松弛而使张紧装置丧失作用，在张紧装置上应有电气安全触点，当发生上述情况时能切断安全电路，使电梯停止运行

限速器动作时，限速器对限速器绳的最大制动力应不小于 300N，同时不小于安全钳动作所需提拉力的 2 倍。若达不到这个要求，很可能使限速器动作时限速器绳在限速器绳轮上打滑提不动安全钳，而轿厢继续超速向下运动。为了提高制动力，没有夹绳、压绳装置的限速器绳轮应采用 V 型绳槽，绳槽应硬化处理

分类 （动作原理）	摆锤式（图4-3-5 所示为上摆锤式 限速器）	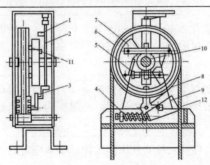 图4-3-5　上摆锤凸轮棘爪式限速器 1—调节弹簧；2—制动轮；3—凸轮；4—超速开关； 5—摆杆；6—棘爪 轿厢在运行时，通过限速器绳头拉动限速器绳，使限速器绳轮和连在一起的凸轮和控制轮（棘轮）同步转动。摆锤由调节弹簧拉住，锤轮压在凸轮上，凸轮转动使摆锤上下摆动。转动速度大，摆锤的摆动幅度也大。当轿厢运行超速时，由于摆锤摆动幅度加大，触动超速开关，切断电梯安全电路，使电梯停止运行。若电梯在向下运行，超速开关动作后没有停止而继续超速运动，则当速度超过额定速度115%以后，因摆锤摆动幅度的进一步加大，棘爪卡入制动轮中，使制动轮和连在一起的限速器绳轮停止转动，由限速器绳头和联动机构将安全钳拉动，轿厢制停。摆锤式限速器一般用于速度较低的电梯
	离心式（图4-3-6 所示是离心式带 夹绳钳的限速器）	图4-3-6　甩块式弹性夹持式限速器 1—开关打板碰铁；2—开关打板；3—夹绳打板碰铁； 4—夹绳钳弹簧；5—离心重块弹簧；6—限速器绳轮； 7—离心重块；8—电开关触头；9—电开关；10—夹绳打板； 11—夹绳钳；12—轮轴；13—拉簧；14—限速器绳 当轿厢运行时，限速器绳带动限速器绳轮旋转，通过拉簧13使同轴的离心甩块旋转并向外甩开。当电梯超速时，甩块首先将开关打板2打动，使电气触点断开，切断安全电路。在下行时，若电梯还在继续超速，由于甩块的进一步甩开将夹绳打板10打动，使正常时被夹绳打板卡住的夹绳钳块掉下卡住限速器绳。卡绳的力量可由弹簧4进行调节

续表

图 4-3-7 所示是一种离心式有压绳装置的限速器	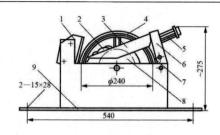 图 4-3-7　压绳限速器 1—电气开关；2—甩块；3—触杆；4—绳轮；5—弹簧； 6—压杆；7—压块；8—制动轮；9—底板 在超速时，首先由甩块上的一个螺栓打动安全开关。当继续超速时，甩块进一步甩开触动棘爪卡在制动轮上，制动轮拉动触杆，通过压杆将压块压在限速器绳轮的钢丝绳上，使绳轮和限速器绳被刹住。压块的压紧力由弹簧 5 调定
动作速度	1）不小于 115% 的额定速度，但应小于下列值： ①配合楔块式瞬时式安全钳的为 0.8m/s； ②配合不可脱落滚柱式瞬时式安全钳的为 1.0m/s； ③配合额定速度小于或等于 1m/s 的渐进式安全钳的为 1.5m/s； ④配合速度大于 1m/s 的渐进式安全钳的为 $1.25\upsilon+0.25/\upsilon$（$\upsilon$ 为电梯额定速度）。 2）对于载重量大，额定速度低的电梯，应专门设计限速器，并用接近下限的动作速度，若对重也设安全钳，则对重限速器的动作速度应大于轿厢限速器的动作速度，但不得超过 10%

限速器必须有非自动复位的电气安全装置，在轿厢上行或下行达到动作速度以前动作，使电梯主机停止运转。过去用过的没有电气安全开关的摆锤式和离心压杆限速器，现都应停止使用
限速器上调节甩块或摆锤动作幅度（也是限速器动作速度）的弹簧，在调整后必须有防止螺帽松动的措施，并予以铅封。压绳机构、电气触点触动机构等调整后，也要有防止松动的措施和明显的封记
限速器上的铭牌应标明使用的工作速度和整定的动作速度，最好还应标明限速器绳的最大张力

3. 安全钳

根据电梯安全规程的规定，任何曳引电梯的轿厢都必须设有安全钳装置，并且规定此安全钳装置必须由限速器来操纵，禁止使用由电气、液压或气压装置来操作安全钳。

1）基本知识（表 4-3-4）：

表 4-3-4　安全钳简介

定义	1) 安全钳是由于限速器的作用而引起动作,迫使轿厢或对重装置制停在导轨上,同时切断电梯和动力电源的安全装置 2) 安全钳是在限速操纵下强制使轿厢停住的执行机构			
位置	安全钳需要有两组,对应安装在与两根导轨接触的轿厢外两侧下方。常见的是把安全钳安装在轿厢架下梁的上面			
安全钳装置	当电梯底坑的下方有人通行或能进入的过道或空间时,则对重也应设有限速器安全钳装置			
		位置	设在轿厢架或对重架上	
	组成	操纵机构	是一组连杆系统,限速器通过此连杆系统操纵安全钳起作用,如图4-3-8 中的 6 和图4-3-9 中的 6	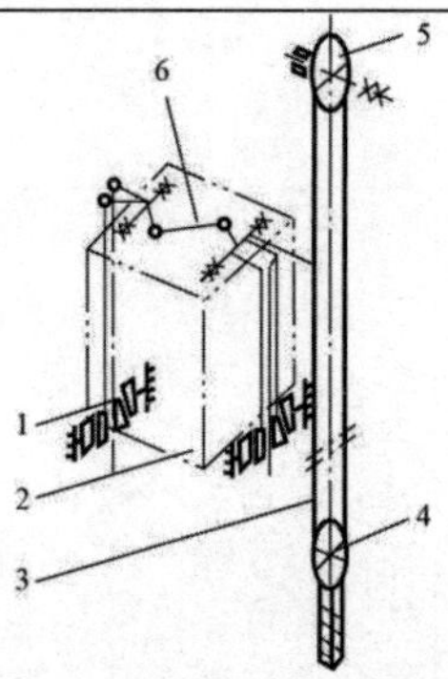 图 4-3-8　限速器与安全钳联动原理示意图 1—安全钳;2—轿厢;3—限速器绳; 4—张紧轮;5—限速器;6—连杆系统 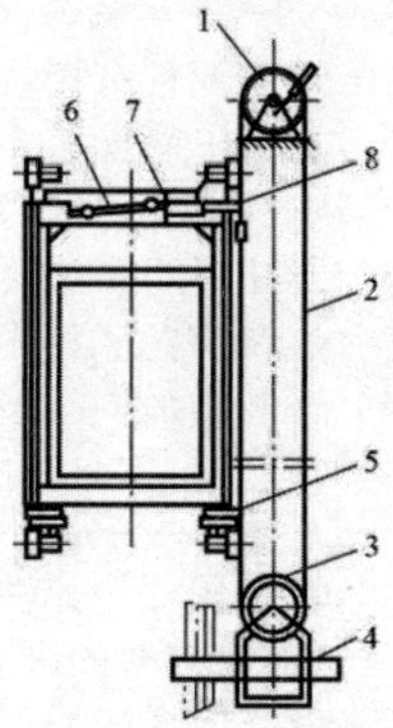
		制停机构安全钳(嘴)	作用是使轿厢或对重制停,夹持在导轨上,如图4-3-8 中的 1 和图4-3-9 中的 5	图 4-3-9　限速器与安全钳联动原理立面示意图 1—限速器;2—限速器绳;3—张紧轮; 4—限速器断绳开关;5—安全钳;6—连杆系统; 7—安全钳动作开关; 8—限速器绳头

续表

安全钳装置	组成	制停机构安全钳（嘴）	如图4-3-8和图4-3-9所示，限速绳两端的绳头与安全钳杠杆的驱动连杆连接。电梯正常运行时，轿厢运动通过驱动连杆带动限速器绳和限速器运动，此时，安全钳处于非动作状态，其制停元件与导轨之间保持一定的间隙。当轿厢超速达到限定值时，限速器动作使夹绳钳夹住限速器绳，于是随着轿厢继续向下运动，限速器绳提起驱动连杆，促使连杆系统6联动，两侧的提升拉杆被同时提起。带动安全钳制动楔块与导轨接触，两安全钳同时夹紧在导轨上，使轿厢制停。安全钳动作时，限速器的安全开关或安全钳提拉杆操纵的安全开关，都会断开控制电路，迫使制动器失电制动。 只有当所有安全开关复位，轿厢向上提起时，才能释放安全钳。安全钳不恢复到正常状态，电梯不能重新使用
		包括	安全钳本体、安全钳提拉联动机构和电气安全触点。 安全钳及其操纵机构一般均安装在轿厢架上。安全钳座装设在轿厢架下梁内，楔块在安全钳动作时夹紧导轨，使轿厢制停。轿厢架上梁的两侧各装有一根转轴，操纵机构的一组杠杆均固定在这两根轴上。主动杠杆的端部通过绳头与限速器绳连接。4个从动杠杆分别安装在两侧的转轴上。横拉杆连接两侧的转轴，以保证两侧的从动杠杆同步摆动，横拉杆上的正反扣螺母可调节从动杠杆的位置。从动杠杆的端部各连接一条垂直拉杆，通过它带动安全钳的楔块。垂直拉杆上防晃架起定位导引作用，并防止垂直拉杆晃动。横拉杆的压簧使拉杆不能自动复位，只有在松开安全钳并排除故障之后，靠手动才能使其复位
分类（按结构和工作原理）	瞬时式安全钳		1）动作元件有楔块、滚柱 2）其工作特点是：制停距离短，基本是瞬时制停，动作时轿厢承受很大冲击，导轨表面也会受到损伤 3）滚柱型的瞬时安全钳制停时间为0.1s左右；而双楔块瞬时安全钳的制停时间最少只有0.01s左右，整个制停距离只有几毫米至几十毫米 4）轿厢的最大制停减速度在5～10g（g为重力加速度）左右，所以标准规定瞬时式安全钳只能用于额定速度不大于0.63m/s的电梯
	渐进式安全钳		1）动作元件是弹性夹持的，在动作时动作元件靠弹性夹持力夹紧在导轨上滑动，靠与导轨的摩擦消耗轿厢的动能和势能 2）标准要求轿厢制停的平均减速度在0.2～1.0g（g为重力加速度）之间，所以安全钳动作时，轿厢必须有一定的制停距离 3）额定速度大于0.63m/s或轿厢装设数套安全钳装置，都应采用渐进式安全钳。对重安全钳若速度大于1.0m/s，也应用渐进式安全钳

2）瞬时式安全钳与渐进式安全钳（表4-3-5）：

表 4-3-5　瞬时式安全钳与渐进式安全钳

瞬时式安全钳	最广泛的楔块瞬时式安全钳（图4-3-10） 钳体一般由铸钢制成，安装在轿厢的下梁上。每根导轨由两个楔形钳块（动作元件）夹持，也有只用一个楔块单边动作的。安全钳的楔块一旦被拉起与导轨接触楔块自锁，安全钳的动作就与限速器无关，并在轿厢继续下行时，楔块将越来越紧	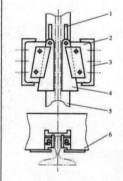 图 4-3-10　楔块瞬时式安全钳 1—拉杆；2—安全钳座；3—轿厢下梁；4—楔（钳）块；5—导轨；6—盖板	夹钳式渐进安全钳 动作元件为两个楔块，但其与导轨接触的表面没有加工成花纹，而是开了一些槽，背面有滚轮组，以减少楔块与钳座的摩擦
	当限速器动作楔块被拉起夹在导轨上时，由于轿厢仍在下行，楔块就继续在钳座的斜槽内上滑，同时将钳座向两边挤开。当上滑到限位停止时，楔块的夹紧力达到预定的最大值，形成一个不变的制动力，使轿厢的动能与势能消耗在楔块与导轨的摩擦上，轿厢以较低的减速度平滑制动。最大的夹持力由钳尾部的弹簧调定。图4-3-11是其结构示意	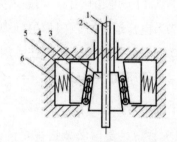 图 4-3-11　楔块渐进式安全钳结构原理 1—导轨；2—拉杆；3—楔块；4—钳座；5—滚珠；6—弹簧
渐进式安全钳	单面动作渐进式安全钳（图4-3-12） 限速器动作时通过提拉联动机构将活动钳块6上提，与导轨接触并沿斜面滑槽7上滑。导轨被夹在活动钳块与静钳块之间，其最大的夹紧力由蝶形弹簧3决定。弹簧5用于安全钳释放时钳块复位	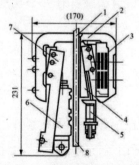 图 4-3-12　单面动作渐进式安全钳 1—导轨；2—钳座；3—蝶形弹簧；4—静钳块；5—弹簧；6—活动钳块；7—滑槽；8—导轨
当电梯曳引钢丝绳为两根时，应设保护装置；当有一根断裂或过度松弛时，安全触点动作使电梯停止运行。这也是防止发生断绳轿厢坠落的保护装置		

3）电气安全开关应符合安全触点的要求，规定要求安全钳释放后须经称职人员调整后电梯方能恢复使用，所以电气安全开关一般应是非自动复位的，安全开关应在安全钳动作以前动作，所以必须认真调整主动杠杆上打板与开关的距离和相对位置，以保证安全开关准确动作。

4）提拉联动机构一般安装在轿顶，也有安装在轿底的。此时，应将电气安全开关设在从轿顶可以恢复的位置。

4.3.3 防人员剪切和坠落的保护和要求

在电梯事故中，人员被运动的轿厢剪切或坠入井道的事故所占比例较大，而且事故后果十分严重，所以防止人员剪切和坠落的保护十分重要。

1）防人员坠落和剪切的保护主要由门、门锁和门的电气安全触点联合承担，标准要求如下：

①当轿门和层门中任一门扇未关好和门锁啮合7mm以上时，电梯不能启动。

②当电梯运行时轿门和层门中任一门扇被打开时，电梯应立即停止运行。

③当轿厢不在层站时，在站层门外不能将层门打开。

④紧急开锁的钥匙只能交给一个负责人员，有紧急情况才能由称职人员使用。

小知识：

1）轿门、层门必须按规定装设验证门紧闭状态的电气安全触点，并保持有效。门关闭后，门扇之间、门与周边结构之间的缝隙不得大于规定值。尤其层门滑轮下的挡轮要经常调整，以防中分门下部的缝隙过大。

2）门锁必须符合安全规范要求，并经型式试验合格，锁紧元件的强度和啮合深度必须保证。

3）电气安全触点必须符合安全规范要求，绝不能使用普通电气开关。接线和安装必须可靠，而且要防止由于电气干扰而误动作。

2）在电梯操作中严禁开门"应急"运行。在一些电梯中，为了方便检修常设有开门运行的"应急"运行功能，有的是设专门的应急运行开关，有的是在检修状态下按着开门按钮来实现开门运行。GB 7588规定只有在进行再平层及采取特殊措施的货梯在进行对接操作时，轿厢可在不关门的情况下短距离移动，其他情况（包括检修运行）均不能开门运行。

3）对于装有停电应急装置和故障应急装置的电梯，在轿厢层门未关好或被开启的情况下，应不能自动投入应急运行移动轿厢。

4.3.4 缓冲装置

电梯由于控制失灵、曳引力不足或制动失灵等发生轿厢或对重蹲底时，缓冲器将吸收轿厢或对重的动能，提供最后的保护，以保证人员和电梯结构的安全。

1）缓冲器的分类：

①蓄能型缓冲器，以弹簧和聚氨酯材料等为缓冲元件；

②耗能型缓冲器，主要是油压缓冲器。

2）弹簧缓冲器与油压缓冲器（表 4-3-6）。

表 4-3-6 弹簧缓冲器与油压缓冲器

项目	弹簧缓冲器（蓄能型缓冲器）	油压缓冲器（耗能型缓冲器）
构造	一般由缓冲橡胶、缓冲座、弹簧、弹簧座等组成，用地脚螺栓固定在底坑基座上	基本构件是缸体、柱塞、缓冲橡胶垫和复位弹簧等。缸体内注有缓冲器油
工作原理	弹簧缓冲器在受到冲击后，将轿厢或对重的动能和势能转化为弹簧的弹性变形能（弹性势能）。由于弹簧的反力作用，轿厢或对重得到缓冲、减速。但当弹簧压缩到极限位置后，弹簧要释放缓冲过程中的弹性变形能，使轿厢反弹上升。撞击速度越高，反弹速度越大，并反复进行，直至弹力消失、能量耗尽，电梯才完全静止	当油压缓冲器受到轿厢和对重的冲击时，柱塞向下运动，压缩缸体内的油，油通过环形节流孔喷向柱塞腔。当油通过环形节流孔时，由于流动截面积突然减小，就会形成涡流，使液体内的质点相互撞击、摩擦，将动能转化为热量散发掉，从而消耗了电梯的动能，使轿厢或对重逐渐缓慢停下来 它是利用液体流动的阻尼作用，缓冲轿厢或对重的冲击。当轿厢或对重离开缓冲器时，柱塞在复位弹簧的作用下，向上复位，油重新流回油缸，恢复正常状态
特点	缓冲后存在回弹现象，存在缓冲不平稳的缺点，所以弹簧缓冲器仅适用于低速电梯	是以消耗能量的方式实行缓冲的，因此无回弹作用 由于变量棒的作用，柱塞在下压时，环形节流孔的截面积逐步变小，能使电梯的缓冲接近匀速运动。因而，油压缓冲器具有缓冲平稳的优点，在使用条件相同的情况下，油压缓冲器所需的行程可以比弹簧缓冲器减少一半，所以油压缓冲器适用于各种电梯

注：①复位弹簧在柱塞全伸长位置时应具有一定的预压缩力，在全压缩时，反力不大于1500N，并应保证缓冲器受压缩后柱塞完全复位的时间不大于120s。

②为了验证柱塞完全复位的状态，耗能型缓冲器上必须有电气安全开关。安全开关在柱塞开始向下运动时即被触动切断电梯的安全电路，直到柱塞向完全复位时开关才接通。

③为了适应大吨位轿厢，压缩弹簧可由组合弹簧叠合而成。对于行程高度较大的弹簧缓冲器，为了增强弹簧的稳定性，在弹簧下部设有导套或在弹簧中设导向杆。

3）当电梯额定速度很低时（如小于 0.4m/s），轿厢和对重底下的缓冲器也可以使用实体式缓冲块来代替，其材料可选用橡胶、木材或其他具有适当弹性的材料。但使用实体式缓冲器也应有足够的强度，能承受具有额定载荷的轿厢（或对重），并以限速器动作时的规定下降速度冲击而无损坏。

4）缓冲器油的黏度与缓冲器能承受的工作载荷有直接关系，一般要求采用有较低凝固点和较高黏度指标的高速机械油。在实际应用中，不同载重量的电梯可以使用相同的油压缓冲器，而采用不同的缓冲器油，黏度较大的油用于载重量较大的电梯。

5）缓冲器的安装。

①缓冲器一般安装在底坑的缓冲器座上。若底坑下是人能进入的空间，则对重在不设安全钳时，对重缓冲器的支座应一直延伸到底坑下的坚实地面上。

②缓冲距离：轿底下梁碰板、对重架底的碰板至缓冲器顶面的距离。即图 4-3-13 中的 S1 和 S2。对蓄能型缓冲器应为 200～350mm；对耗能型缓冲器应为 150～400mm。

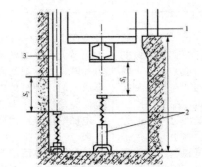

图 4-3-13　轿厢、对重的越程（剖立面图）
1—轿厢；2—缓冲器；3—对重

③油压缓冲器的柱塞铅垂度偏差不大于 0.5%。

④缓冲器中心与轿厢和对重相应碰板中心的偏差不超过 20mm。

⑤同一基础上安装的两个缓冲器的顶面高差应不超过 2mm。

4.3.5　报警和救援装置

电梯发生人员被困在轿厢内时，通过报警或通信装置应能将情况及时通知管理人员，并通过救援装置将人员安全救出轿厢。

1. 报警装置（表 4-3-7）

电梯必须安装应急照明和报警装置，并由应急电源供电。轿厢内的应急照明必须有适当的亮度，在紧急情况时，能看清报警装置和有关的文字说明。

除了警铃和对讲装置，轿厢内也可设内部直线报警电话或与电话网连接的电话。此时，轿厢内必须有清楚易懂的使用说明，告诉乘员如何使用和应拨的号码。

表 4-3-7　报警装置

高度	装置	图片	位置	要求
低层站	警铃		轿顶或井道内	操作警铃的按钮应设在轿厢内操纵箱的醒目处，上有黄色的报警标志。警铃的声音要急促响亮，不会与其他声响混淆
大于 30m	对讲装置		轿厢内与机房或值班室	目前大部分对讲装置接在机房，而机房大多无人看守。这样在紧急情况时，管理人员不能及时知晓。所以凡机房无人值守的电梯，对讲装置必须接到管理部门的值班处。轿厢内必须有清楚易懂的使用说明，告诉乘员如何使用和应拨的号码

2. 救援装置（表 4-3-8）

救援装置包括曳引机的紧急手动操作装置和层门的人工开锁装置。在有层站不设门时，还可在轿顶设安全窗。当两层站地坎距离超过 11m 时，还应设井道安全门。若同井道相邻电梯轿厢间的水平距离不大于 0.75m，也可设轿厢安全门。

机房内的紧急手工操作装置，应放在拿取方便的地方。盘车手轮应漆成黄色，开闸板手应漆成红色。为使操作时知道轿厢的位置，机房内必须有层站指示。最简单的方法就是在曳引绳上用油漆做上标记，同时将标记对应的层站写在机房操作地点附近。

若轿顶设有安全窗，安全窗的尺寸应不小于 0.35m×0.5m，强度应不低于轿壁的强度，窗应向外开启，但开启后不得超过轿厢的边缘。窗应有锁，在轿内要用三角钥匙才能开启；在轿外，则不用钥匙也能打开。窗开启后，不用钥匙也能将其半闭和锁住。窗上应设验证锁紧状态的电气安全触点，当窗打开或未锁紧时，触点断开，切断安全电路，使电梯停止运行或不能启动。

井道安全门的位置应保证至上下层站地坎的距离不大于 11m。要求门的高度不小于 1.8m，宽度不小于 0.35m，门的强度不低于轿壁的强度。门不得向井道内开启，门上应有锁和电气安全触点，其要求与安全窗一样。

轿厢安全门设置在相邻轿厢的相对位置上。

现在一些电梯安装了电动的停电（故障）应急装置，在停电或电梯故障时自动接入。装置动作时，用蓄电池为电源向电机送入低频交流电（一般为 5Hz），并通过制动器释放。在判断负载力矩后，将轿厢运行到距离最近的楼层，自动开门将人放出。应急装置只有在供电外网断电时才能自动接入并动作，但若是门未关或门的安全电路发生故障，则不能自动接入移动轿厢。

4.3.6　停止开关和检修运行装置

1. 停止开关

停止开关一般称急停开关，按要求在轿顶、底坑和滑轮间必须装设停止开关。

停止开关应符合电气安全触点的要求，应是双稳态非自动复位的，误动作不能使其释放。停止开关要求是红色的，并标有"停止"和"运行"的位置。若是刀闸式或拨杆式开关，应以把手或拨杆朝下为停止位置。

轿顶的停止开关应面向轿门，离轿门距离不大于 1m。底坑的停止开关应安装在进入底坑可立即触及的地方。当底坑较深时，可以在下底坑时梯子旁和底坑下部各设一个串联的停止开关。最好是能联动操作的开关。在开始下底坑时即可将上部开关打在停止的位置，到底坑后也可用操作装置消除停止状态或重新将开关处于停止位置。轿厢装有无孔门时，轿内严禁装设停止开关。

2. 检修运行装置

检修运行是为便于检修和维护而设置的运行状态，由安装在轿顶或其他地方的检修运行装置进行控制。

检修运行时应取消正常运行的各种自动操作，如取消轿内和层站的召唤，取消门的自动操作。此时，轿厢的运行依靠持续揿压方向操作按钮操纵，轿厢的运行速度不得超过 0.63m/s，门的开关也由持续揿压开关门按钮控制。检修运行时所有的安全装置，如限位和极限、门的电气安全触点和其他的电气安全开关及限速器安全钳均有效，所以检修运行是不能开着门走梯的。

检修运行装置包括一个运行状态转换开关、操纵运行的方向按钮和停止开关。该装置也可以与能防止误动作的特殊开关一起从轿顶控制门机构的动作。

检修转换开关应是符合电气安全触点要求的双稳态开关，有防误操作的措施，开关的检修和正常运行位置有标示，若用刀闸或拨杆开关，则向下应是检修运行状态。轿厢内的检修开关应用钥匙动作，或设在有锁的控制盒中。

检修运行的方向按钮应有防误动作的保护，并标明方向。有的电梯为防误动作设三个按钮，操纵时方向按钮必须与中间的按钮同时按下才有效。

当轿顶以外的部位，如机房、轿厢内也有检修运行装置时，必须保证轿顶的检修开关"优先"，即当轿顶检修开关处于检修运行位置时，其他地方的检修运行装置全部失效。

4.3.7 消防功能

发生火灾时，井道往往是烟气和火焰蔓延的通道，而且一般层门在 70℃以上时也不能正常工作。为了乘员的安全，在火灾发生时必须使所有电梯停止应答召唤信号，直接返回撤离层站，即具有火灾自动返基站功能。

自动返基站的控制，可以在基站处设消防开关，火灾时将其接通，或由集中监控室发出指令，也可由火灾检测装置在测到层门外温度超过 70℃时自动向电梯发出指令，使电梯迫降，返基站后不可在火灾中继续使用。此类电梯仅具有"消防功能"，即消防迫降停梯功能。

另一种为消防员用电梯（一般称消防电梯），其除具备火灾自动返基站功能外，还要供消防员灭火使用。

消防电梯的布置不仅应能在火灾时避免暴露于高温火焰下，还应能避免消防水流入井道。一般电梯层站宜与楼梯平台相邻并包含楼梯平台，层站外有防火门将层站隔离，层站内还有防火门将楼梯平台隔离。这样在电梯不能使用时，消防员还可以利用楼梯通道返回。其结构防火，电源专用。

消防电梯额定载重量不应小于 630kg，入口宽度不得小于 0.8m，运行速度应按全程运行时不应小于 63s 来决定。电梯应是单独井道，并能停靠所有层站。

消防员操作功能应取消所有的自动运行和自动门的功能。消防员操作时外呼全部失效，轿内选层一次只能选一个层站，门的开关由持续揿压开关门按钮进行。有的电梯在开门时只要停止揿压按钮，门立即关闭，在关门时停止揿压按钮，门会重新开启，这种控制方式更为合理。

4.3.8 其他安全保护装置

电梯安全保护系统中所配备的安全保护装置一般由机械安全保护装置和电气安全保护装置两大部分组成。机械安全保护装置主要有限速器和安全钳、缓冲器、制动器、层门门锁、轿门安全触板、轿顶安全窗、轿顶防护栏杆、护脚板等。

但是有一些机械安全保护装置往往需要和电气部分的功能配合和联锁，才能实现其动作和功效的可靠性。例如，层门的机械门锁必须和电开关连接在一起的联锁装置。

除了前面已经介绍的限速器和安全钳、缓冲器、终端限位保护装置外，还有其他安全保护装置，现在一并都列举于表 4-3-8。

表 4-3-8   其他安全保护装置

位置	安全保护装置
层门门锁的安全装置	乘客进入电梯轿厢，首先接触到的就是电梯层门（厅门）。正常情况下，只要电梯的轿厢没到位（到达本站层），本层站的层门都是紧紧关闭着，只有轿厢到位（到达本层站）后，层门随着轿厢的门打开后才能跟着打开。因此，层门门锁安全装置的可靠性十分重要，直接关系到乘客进入电梯的头一关的安全性
门保护装置	乘客进入层门后立即经过轿厢门进入轿厢，但由于乘客进出轿厢的速度不同，有时会发生人被轿门夹住的情况。电梯上设置的门保护装置就是为了防止发生轿厢在关门过程中夹伤乘客或夹住物品的情况
轿厢超载保护装置	乘客从层门、轿门进入轿厢后，轿厢里的乘客人数（或货物）所达到的载重量如果超过电梯的额定载重量，就可能造成电梯超载后所产生的不安全后果或超载失控，造成电梯超速降落的事故。 超载保护装置的作用是当轿厢超过额定负载时，能发出警告信号，并使轿厢不能启动运行，避免意外事故的发生
轿厢顶部的安全窗	安全窗是设在轿厢顶部的一个窗口。安全窗打开时，使限位开关的常开触点断开，切断控制电路，此时电梯不能运行。当轿厢因故障停在楼房两层中间时，司机可通过安全窗从轿顶以安全措施找到层门。安装人员在安装时、维修人员在处理故障时也可利用安全窗。由于控制电源被切断，可以防止人员出入轿厢窗口时因电梯突然启动而造成人身伤害事故。当出入安全窗时，还必须先将电梯急停开关按下（如果有的话）或用钥匙将控制电源切断。为了安全，司机最好不要从安全窗出入，更不要让乘客出入。安全窗窗口较小，且离地面有两米多高，上下很不方便。停电时，轿顶上很黑，又有各种装置，易发生人身事故。也有的电梯不设安全窗，可以用紧急钥匙打开相应的层门上下轿顶

续表

位置	安全保护装置
轿顶护栏	轿顶护栏是电梯维修人员在轿顶作业时的安全保护栏。有护栏可以防止维修人员不慎坠落井道，就实践经验来看，设置护栏时应注意使护栏外围与井道内的其他设施（特别是对重）保持一定的安全距离，做到既可防止人员从轿顶坠落，又避免因扶、倚护栏造成人身伤害事故。在维修人员安全工作守则中可以写入"站在行驶中的轿顶上时，应站稳扶牢，不倚、靠护栏"和"与轿厢相对运动的对重及井道内其他设施保持安全距离"内容，以提醒维修作业人员重视安全
底坑对重侧护栅	为防止人员进入底坑对重下侧发生危险，在底坑对重侧两导轨间应设防护栅，防护栅高度为1.7m以上，距地0.5m装设。宽度不小于对重导轨两外侧之间距。防护网空格或穿孔尺寸，无论水平方向或垂直方向测量，均不得大于75mm
轿厢护脚板	轿厢不平层，当轿厢地面（地坎）的位置高于层站地面时，会使轿厢与层门地坎之间产生间隙，这个间隙会使乘客的脚踏入井道，发生人身伤害。为此，国家标准规定，每一轿厢地坎上均需装设护脚板，其宽度是层站入口处的整个净宽。护脚板垂直部分的高度应不少于0.75m。垂直部分以下成斜面向下延伸，斜面与水平面的夹角大于60°，该斜面在水平面上的投影深度不小于20mm。护脚板用2mm厚铁板制成，装于轿厢地坎下侧且用扁铁支撑，以加强机械强度
制动器扳手与盘车手轮	当电梯运行中突然停电造成电梯停止运行，电梯又设有停电应急平层装置，且轿厢又停在两层门之间时，乘客无法走出轿厢。就需要由维修人员到机房用制动器扳手和盘车手轮两件工具人工操纵，使轿厢就近停靠，以便疏导乘客。制动器扳手的式样，因电梯抱闸装置的不同而不同，作用都是使制动器抱闸脱开。盘车手轮是用来转动电动机主轴的轮状工具（有的电梯装有惯性轮，也可操纵电动机转动）。操作时，首先应切断电，由两人操作，即一人操作制动器扳手，一人盘动手轮。两人需配合好，以免因制动器的抱闸被打开而未能把住手轮致使电梯因对重的重量而造成轿厢快速行驶。一人打开抱闸，一人慢速转动手轮，使轿厢向上移动，当轿厢移到接近平层位置时即可。制动器扳手和盘车手轮平时应放在明显位置，并应涂以红漆
超速保护开关	在速度大于1m/s的电梯限速器上都设有超速保护开关，在限速器的机械动作之前，此开关就得动作，切断控制回路，使电梯停止运行。有的限速器上安装两个超速保护开关，第一个开关动作使电梯自动减速，第二个开关才切断控制回路。对速度不大于1m/s的电梯，其限速器上的电气安全开关最迟在限速器达到其动作速度时起作用

位置	安全保护装置
曳引电动机的过载保护	电梯使用的电动机容量一般比较大，从几千瓦至十几千瓦。为了防止电动机过载后被烧毁，设置了热继电器过载保护装置。电梯电路中常采用的 JRO 系列热继电器是一种双金属片热继电器。两只热继电器热元件分别接在曳引电动机的快速和慢速主电路中，当电动机过载超过一定时间，即电动机的电流大于额定电流时，热继电器中的双金属片经过一定时间后变形，从而断开串接在安全保护回路中的接点，保护电动机不因长期过载而烧毁。 现在也有将热敏电阻埋藏在电动机绕组中的，即当过载发热引起阻值变化时，经放大器放大使微型继电器吸合，断开其接在安全回路中的触头，从而切断控制回路，强令电梯停止运行
电梯控制系统中的短路保护	一般短路保护由不同容量的熔断器来进行。熔断器利用低熔点、高电阻金属不能承受过大电流的特点使它熔断，从而切断电源，对电气设备起到保护作用。极限开关的熔断器为 RCIA 型插入式，熔体为软铅丝、片状或棍状。电梯电路中还采用了 RLI 系列蜗旋式熔断器和 RLS 系列螺旋式快速熔断器，用以保护半导体整流元件
供电系统相序和断（缺）相保护	当供电系统因某种原因造成三相动力线的相序与原相序有所不同时，有可能使电梯原定的运行方向变为相反的方向，会给电梯运行造成极大的危险。同时，可以防止电动机在电源缺相下不正常运转而导致电机烧损。 电梯电气线路中采用相序继电器，当线路错相或断相时，相序继电器切断控制电路，使电梯不能运行。 但是，近几年由于电力电子器件和交流传动技术的发展，电梯的主驱动系统应用晶闸管直接供电给直流曳引电动机，以及大功率器件 IGBT 为主体的交-直-交变频技术在交流调速电梯系统（VVVF）中的应用，使电梯系统工作时与电源的相序无关
主电路方向接触器联锁装置	1）电气联锁装置：交流双速及交调电梯运行方向的改变是通过主电路中的两只方向接触器，改变供电相序来实现的。如果两接触器同时吸合，则会造成电气线路短路。为防止短路故障，在方向接触器上设置了电气联锁，即上方向接触器的控制回路是经过下方向接触器的辅助常闭接点来完成的。下方向接触器的控制电路受到上方向接触器辅助常闭接点控制。只有下方向接触器处于失电状态时，上方向接触器才能吸合，而下方向接触的吸合必须是上方向接触器处于失电状态。这样，上下方向接触器形成电气联锁。 2）机械联锁式装置：为防止上下方向接触器电气联锁失灵，造成短路事故，在上下方向接触器之间设有机械互锁装置。当上方向接触器吸合时，由于机械作用，限制住下方向接触器的机械部分不能动作，使接触器接点不能闭合。当下方向接触器吸合时，上方向接触器接点也不能闭合，从而达到机械联锁的目的

位置	安全保护装置
电气设备的接地保护	我国供电系统过去一般采用中性点直接接地的三相四线制，从安全防护方面考虑，电梯的电气设备应采用接零保护。在中性点接地系统中，当一相接地时，接地电流成为很大的单相短路电流，保护设备能准确而迅速地切断电流，保障人身和设备安全。接零保护的同时，地线还要在规定的地点采取重复接地。重复接地是将地线的一点或多点通过接地体与大地再次连接。在电梯安全供电现实情况中还存在一定的问题，有的引入电源为三相四线，到电梯机房后，将零线与保护地线混合使用；有的用敷设的金属管外皮作零线使用，这是很危险的，容易造成触电或损害电气设备。应采用三相五线制的 TN-S 系统，直接将保护地线引入机房，如图 4-3-14（a）所示。如果采用三相四线制供电的接零保护 TN-C-S 系统，严禁电梯电气设备单独接地。电源进入机房后保护线与中性线应始终分开，该分离点（A 点）的接地电阻值不应大于 4Ω，如图 4-3-14（b）所示。 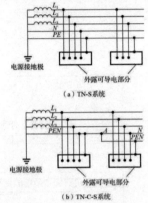 图 4-3-14　供电系统接地形式 L1、L2、L3—电源相序；N—中性线；PE—保护接地； PEN—保护接地与中性线共用 电梯电气设备，如电动机、控制柜、接线盒、布线管、布线槽等外露的金属外壳部分，均应进行保护接地。 保护接地线应采用导线截面积不小于 4mm² 有绝缘层的铜线。 线槽或金属管应相互连成一体并接地，连接可采用金属焊接，在跨接管路线槽时可用直径 4~6mm 的铁丝或钢筋棍，用金属焊接方式焊牢，如图 4-3-15 所示。 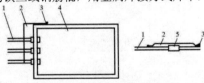 图 4-3-15　接地线连接方法 1—金属管或线槽；2—接地线；3—金属焊点；4—金属线盒；5—管箍 当使用螺栓压接保护地线时，应使用 Φ8mm 螺栓，并加平垫圈和弹簧垫圈压紧。接地线应为黄、绿双色。当采用随行电缆芯线作保护线时，不得少于两根。 在电梯采用的三相四线制供电线路的零线上，不准装设保险丝，以防人身和设备的安全受到损害。各种用电设备的接地电阻应不大于 4Ω。电梯生产厂家有特殊抗干扰要求的，按照厂家要求安装。对接地电阻应定期检测，动力电路和安全装置电路不少于 0.5MΩ，照明、信号等其他电路不小于 0.25MΩ

续表

位置	安全保护装置
电梯急停开关	急停开关也称安全开关，是串接在电梯控制线路中的一种不能自动复位的手动开关。当遇到紧急情况或在轿顶、底坑、机房等处检修电梯时，为防止电梯的启动、运行，将开关关闭切断控制电源以保证安全。 急停开关分别设置在轿顶操纵盒上、底坑内和机房控制柜壁上及滑轮间。有的电梯轿厢操作盘（箱）上未设此开关。 急停开关应有明显的标志，按钮应为红色，旁边标以"通"、"断"或"停止"字样，扳动开关，向上为接通，向下为断开，旁边也应用红色标明"停止"位置
可切断电梯电源的主开关	每台电梯在机房中都应装设一个能切断该电梯电源的主开关，并具有切断电梯正常行驶最大电流的能力。如有多台电梯，还应对各个主开关进行相应编号。注意：主开关切断电源时不包括轿厢内、轿顶、机房和井道的照明、通风以及必须设置的电源插座等的供电电路

知识梳理

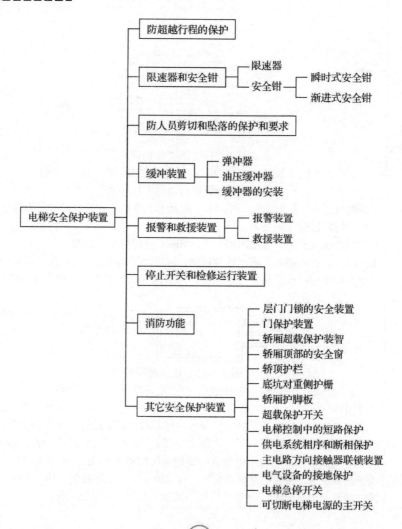

自我检测

一、填空题

1. 防止越程的保护装置有_____、_____、_____。

2. 为了提高制动力，没有夹绳、压绳装置的限速器绳轮应采用_____绳槽，绳槽应硬化处理。

3. 安全钳有_____、_____两种形式。

4. 瞬时式安全钳主要特征有_____。

（1）动作过程弹性　　　（2）动作过程刚性

（3）冲击小　　　　　　（4）制停距离小

5. 当轿门和层门中任一门扇未关好和门锁啮合_____以上时，电梯不能启动。

6. 轿底下梁碰板、对重架底的碰板至缓冲器顶面的距离称为_____。

7. 发生火灾时井道是烟气和火焰蔓延的通道，而且一般层门在_____以上时也不能正常工作。

8. _____的作用是当轿厢超过额定负载时，能发出警告信号并使轿厢不能启动运行，避免意外的事故发生。

9. _____是电梯维修人员在轿顶作业时的安全保护栏。

10. 护脚板垂直部分的高度应不少于_____。垂直部分以下成斜面向下延伸，斜面与水平面的夹角大于_____，该斜面在水平面上的投影深度不小于_____。

11. 极限开关的熔断器为_____插入式，熔体为软铅丝、片状或棍状。

12. 保护接地线应采用导线截面积不小于_____有绝缘层的铜线。

二、单选题

1. （　　）是当轿厢运行超过端站时，轿厢或对重装置未触及缓冲器之前，强迫切断主电源和控制电源的非自动复位的安全装置。

A.安全钳开关　　　B.断绳开关　　　C.极限开关　　　D.限位开关

2. 轿厢在井道向端站运动时，最先碰到的保护开关是（　　）。

A.缓冲器开关　　　B.强迫换速　　　C.极限开关　　　D.限位开关

3.（   ）开关动作时,电梯不能运行。

A.上限位　　　　　　B.下限位　　　　　C.极限　　　　　　D.检修

4.电梯轿厢运行至上端站,碰下上强迫减速开关,则电梯（   ）。

A.快速转成慢速　　　　　　　　B.立即停止

C.失电停止　　　　　　　　　　D.电压继电器失电

5.对于不可脱落的滚珠式安全钳以外的瞬时安全钳,动作的上限速度为（   ）。

A.1m/s　　　　　　　　　　　　B.115%的额定速度

C.140%的额定速度　　　　　　　D.0.8m/s

6.当轿厢运行速度达到限定值时,能发出电信号并产生机械动作的安全装置是（   ）。

A.安全钳　　　　　　　　　　　B.限速器

C.限速器断绳开关　　　　　　　D.选层器

7.层门锁的门联锁开关动作之前,锁紧元件的最小啮合长度为（   ）。

A.5mm　　　　　　　B.6mm　　　　　C.7mm　　　　　D.8mm

8.电梯事故多发生在（   ）。

A.轿厢内　　　　　　　　　　　B.井道地坑

C.门区　　　　　　　　　　　　D.机房控制柜

9.层门门锁一般设置在（   ）。

A.轿门内侧　　　　　　　　　　B.轿门外侧

C.层门内侧　　　　　　　　　　D.层门外侧

10.（   ）系统由轿厢门、层门、开门电动机、联动机构、门锁等组成。

A.导向　　　　　　B.曳引　　　　　C.门　　　　　　D.安全保护

11.弹簧缓冲器适用于（   ）电梯。

A.低速　　　　　　B.快速　　　　　C.高速　　　　　D.超高速

12.当轿厢或对重超过下极限位置时,（   ）是用来吸收轿厢或对重装置产生动能的安全装置。

A.安全钳　　　　　　B.限速器　　　　　C.端站减速装置　　　　D.缓冲器

13.安装缓冲器,中心位置与轿厢碰击板中心偏移不超过（   ）。

A.5mm　　　　　　B.15mm　　　　　C.20mm　　　　　D.25mm

14.轿厢撞板与弹簧缓冲器顶面间的距离应为（   ）。

A.150～400mm　　　　　　　　　B.200～350mm

C.250～350mm　　　　　　　　　D.200～400mm

三、判断题

1.减速开关设置的多少与电梯运行速度有关，而限位开关则不论电梯运行快慢均只设一点。（　　）

2.对重限速器的动作速度应略低于轿厢限速器的动作速度，但不超过10%。（　　）

3.当轿厢向上运行速度超过115%的额定速度时，限速器动作，带动安全钳动作，将轿厢卡在导轨上。（　　）

4.当轿厢下行超速到限速器整定的速度时，限速器停止运行。（　　）

5.若轿厢装有数套安全钳，则它们应全部是渐进式的。（　　）

参考答案

6.附加制动器应满足GB/T 7588—2020规定的扶对梯制停距离的要求。（　　）

模块5　电梯应急救援与调查处理模块

学习任务 5.1　事故的分类与特种设备事故等级划分

学习目标

1）认识各种电梯事故，能够分析事故发生的原因。

2）掌握特种设备事故等级。

3）在理论学习和实践中养成勤于动脑、动手的好习惯。

案例导入

【案例 1】

一部住宅客梯因控制系统故障突然停在 6 层和 7 层之间，司机将轿厢门扒开后，又将 6 层层门联锁人为脱开，发现轿厢距 6 层地面有约 950mm 的距离。乘客急着要离开轿厢，年轻人纷纷跳离轿厢，妇女和老人觉得轿厢地面与 6 层地面离得太高，不敢跳。这时，有人拿来一个小圆凳子放在轿厢外的 6 层厅门

案例 1

处，让乘客踩着凳子离开轿厢下到地面上。一位中年女乘客面朝轿厢，一只脚刚踏在凳子上，因为女乘客的脚踏在了凳子靠近轿厢的一侧，致使凳子向轿厢侧倾倒。由于女乘客的身体重心偏向轿厢一侧，随着凳子的翻倒，她整个身体从轿厢地坎下端与 6 层地坎之间的空隙处跌入井道，摔在底坑坚硬的水泥地上，造成头部粉碎性骨折，身体肢体多处损伤，当场晕迷不醒。当即送往附近医院抢救，因伤势太重，抢救无效，于当日夜间死亡。

【案例2】

某住宅电梯需要清洗轿厢导靴，由三名电梯维修工共同作业。在清洗轿厢下面导靴时，一人操作电梯慢车上行，使轿厢地坎高出一层厅门地坎 1m 左右，两名维修工下到底坑内，将 24V 低压灯泡装好，并挂在轿厢下面点亮。他们将汽油倒在脸盆内作为清洗剂。在清洗过程中，不慎将低压灯泡碰碎，底坑内突然起火，并引发脸盆内汽油起火。操作电梯的维修工发现着火后，立即将电梯驶向 5 层（此楼 2～4 层未设厅门），然后跑到 1 层救火，马上用灭火器灭火。但灭火器已失效，未能立即扑灭，他又跑到马路对面商店找来灭火器，才将火扑灭。两名维修工在着火时，其中一人立即登上缓冲器想逃出底坑，但由于距 1 层厅门地坎较高，不能爬出，只好趴在 1 层厅门地坎上，造成下身严重烧伤。而另一人由于在底坑内时间过长，造成全身皮肤大面积严重烧伤，经抢救无效死亡。

案例2

思考：

1）以上事故发生的原因是什么？

2）以上事故属于什么事故？

🌱 知识准备

5.1.1　电梯事故的分类

安全就是没有危险，不出事故。危险是安全的反义词，事故是不安全的具体表现。电梯事故是指电梯从安装到运行的各个环节中，发生与人的主观意志相违的意外损害事件。

1. 电梯事故的原因（图 5-1-1）

电梯事故的原因，一是人的不安全行为；二是设备的不安全状态，两者互为因果。人的不安全行为可能是教育或管理不够引起的；设备的不安全状态则是长期维修保养不善造成的。在引发事故的人和设备的两大因素中，人是第一位的，因为电梯的设计、制造、安装、维修、管理等，都是人为的。人的不安全行为，比如操作者将电梯电气安全控制回路短接起来，使电梯处于不安全状态，这个处于不安全状态的电梯，又引发人身伤害或设备损坏事故。具体每个事故发生的原因各有不同，可能是多方面的，甚至可以追踪到社会原因和历史原因。

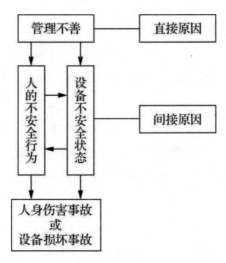

图 5-1-1　电梯事故的原因

2. 电梯事故的特点

当前我国在用电梯中，20 世纪 70、80 年代的产品比重很大，安全性能方面有很多需要改进，它给操作者的不安全行为提供了较多的机会，所以，当前电梯事故的特点是：事故中人身伤害事故多且死亡率高，伤亡者中操作人员所占比例大。

3. 电梯事故的种类　（表 5-1-1）

表 5-1-1　电梯事故的种类

类型	具体	定义	常见形式	发生原因
人身伤害事故	坠落	人员跌落电梯井道或者轿厢发生坠落时所造成人员伤亡与设备损坏	1) 从电梯层门处误入井道，作业人员从井道安全门、活板门处跌入井道； 2) 作业人员从轿顶跌入井道； 3) 曳引钢丝绳断裂、超速等原因造成电梯轿厢坠落蹲底等	1) 未按规定要求使用电梯专用三角钥匙； 2) 电梯开门运行，电梯安装维修人员违反安全操作规程作业； 3) 曳引钢丝绳断裂、限速器-安全钳工作失效等
	剪切	电梯轿厢和电梯层门、井道安全门、活板门之间的相对运动、电梯设备本体的相对运动所造成的人身伤亡和设备损坏	1) 人员或货物在层门、井道安全门、活板门与运动轿厢之间发生的事故； 2) 人员在轿顶与对重的相对运动过程中发生的事故	1) 层、轿门锁被人为短接或失效； 2) 层门强迫关门装置失效，层门门锁机械锁钩失效，井道安全门、活板门安全开关失效； 3) 轿顶作业人员误操作等

续表

类型	具体	定义	常见形式	发生原因
人身伤害事故	挤压	人员被挤压在两个物体之间或人员自身相互挤压所造成的挤伤、压伤、击伤等人身伤亡	1)公共场合使用的自动扶梯或自动人行道在人流高峰期时,由于出口处意外造成堵塞,设备仍在运行使用中而造成的人员相互间挤伤、压伤事故; 2)使用中的电梯发生故障造成乘客被困轿厢中,乘客擅自拉开轿厢门从轿厢壁与电梯井道壁之间的间隙中逃生时所造成的事故; 3)人员正常进入电梯轿厢时,由于电梯开关门安全装置失效造成的挤压事故	电梯开关门安全装置(安全触板、光电开关、光幕保护等)工作失效,轿厢门机械锁定装置失效等
	撞击	物件与建筑物或人员之间的碰撞所造成的人身伤亡	1)由于超速或其他原因造成电梯轿厢冲顶,发生轿厢与井道顶部碰撞,造成轿厢内乘客伤亡或货物损毁; 2)在电梯安装过程中,井道内作业人员遭到坠落物体撞击所造成的人身伤亡事故	1)电梯超速失控,制动器工作失效; 2)平衡系数^①不符合要求,电梯安装人员违反作业安全操作规程等
	触电	人员直接或间接接触带电体而发生的触电伤亡	1)人员使用电梯时发生触电事故; 2)作业人员对电梯进行安装、维修、保养时发生触电事故	1)电梯层门未接地或接地不良; 2)门锁电气触点漏电造成使用人员接触层门时触电; 3)电气设备金属外壳未接地或接地不良; 4)作业人员违反操作规程带电作业等
	烧伤	发生在火灾事故中,受害人被火烧伤	使用喷灯浇注巴氏合金的操作中,以及电焊和气焊操作时也会发生烧伤	1)电梯运行升温引发火灾; 2)电梯内存放和使用液化石油或燃点小于60℃的液体; 3)有人使用电梯运输易燃易爆物品等; 4)电路板短路等

续表

类型	具体	定义	常见形式	发生原因
设备损坏事故	机械磨损	两相互接触产生相对运动的摩擦表面之间的摩擦将产生组织机件运动的摩擦阻力，引起机械能量的消耗并转化而放出热量，使机械产生磨损	1)曳引钢丝绳将曳引轮绳槽磨大或钢丝绳断丝；2)有齿曳引机蜗轮蜗杆磨损过大等	1)连接件松脱；2)自然磨损；3)润滑系统；4)机械疲劳
	绝缘损坏	由于绝缘破坏造成的漏电或短路事故	1)电气线路或设备的绝缘损坏或短路，烧坏电路控制板；2)电动机过负荷，其绕组被烧毁	1)与使用环境有关，如潮湿、腐蚀等环境；2)过载：引起过热，从而导致绝缘材料碳化等；3)机械磨损；4)击穿，用于超过绝缘等级的电压上
	火灾	现场电气设备、可燃物等发生燃烧导致电梯失电或急停所造成的人员伤亡和设备损坏	1)电气设备起火导致失电而突然停梯；2)厂房火灾触发火警系统，电梯进入消防模式停梯等	1)电梯电气设备线路老化、短路、故障等，产生局部高温引起燃烧；2)厂房发生火灾蔓延至电梯区域等
	湿水	电梯构筑物、金属结构、电气设备受到雨水或工艺流体淋湿、浸泡、腐蚀所造成的设备损坏	1)机房电气设备被水淋湿；2)控制柜被水淋湿；3)底坑积水浸泡电气部件等	1)电梯机房因屋顶或门窗漏雨而进水；2)电梯附近消防管或工艺管道泄漏、破裂，消防水或工艺流体喷射到电梯控制柜或经井道流入底坑积蓄等
复合性事故		事故中既有对人身的伤害，又有设备的损坏	如火灾、制动器失灵	

注：①平衡系数：定义 B=(T–P)/Q，式中：B—电梯的平衡系数；T—对重的重量；P—轿厢自重；Q—电梯额定载重量。国家标准 GB/T 10058—2009《电梯技术条件》3.3.8 条规定，各类电梯的平衡系数应在 0.4～0.5 范围内。

5.1.2 特种设备事故等级划分

特种设备事故按照其性质、严重程度、可控性和影响范围等因素，划分为一般（Ⅳ级）、较大（Ⅲ级）、重大（Ⅱ级）、特别重大（Ⅰ级）四级（表5-1-2），颜色依次为蓝色、黄色、橙色、红色。

表 5-1-2　特种设备事故等级划分

划分	人员伤亡	经济损失
特别重大事故	造成 30 人以上死亡或者 100 人以上重伤（包括急性工业中毒，下同）	1 亿元以上直接损失
重大事故	造成 10 人以上 30 人以下死亡或者 50 人以上 100 人以下重伤	5000 万元以上直接损失
较大事故	造成 3 人以上 10 人以下死亡或者 10 人以上 50 人以下重伤	1000 万元以上 5000 万元以下直接损失
一般事故	造成 3 人以下死亡或者 10 人以下重伤	1 万元以上 1000 万元以下直接损失
	电梯轿厢滞留人员 2 小时以上的	

知识梳理

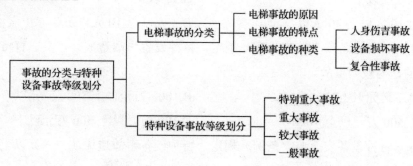

自我检测

一、填空题

1.电梯事故的原因，一是＿＿＿＿＿＿＿＿；二是＿＿＿＿＿＿＿＿＿＿＿，两者互为因果。

2.人身伤害事故包括＿＿＿＿、＿＿＿＿、＿＿＿＿、＿＿＿＿、＿＿＿＿、＿＿＿＿。

3.特别重大事故是指造成＿＿＿＿＿以上死亡或者＿＿＿＿＿以上重伤（包括急性工业中毒，下同）或者＿＿＿＿＿以上直接损失。

4.重大事故是指造成＿＿＿＿以上死亡或者＿＿＿＿以上重伤或者＿＿＿＿以上直接损失。

5.电梯轿厢滞留人员 2 小时以上的是＿＿＿＿＿。

二、单选题

1.电梯事故多发生在（　　　）。

A.轿厢内　　　　　B.井道地坑　　　　　C.门区　　　　　D.机房控制柜

2.《特种设备安全监察条例》规定，特种设备事故造成（　　）重伤为较大事故。

A.10 人以上 50 人以下　　　　　　B.3 人以上 10 人以下

C.30 人以上 100 人以下　　　　　　D.100 人以上

3.《特种设备安全监察条例》规定，特种设备事故造成（　　）人以上重伤，属特别重大事故。

A.100　　　　　B.50　　　　　C.30　　　　　D.10

4.《特种设备安全监察条例》规定，特种设备事故造成（　　）死亡为较大事故。

A.3 人以下　　　　　　　　　　　B.30 以上

C.10 人以上 30 人以下　　　　　　D.3 人以上 10 人以下

5.《特种设备安全监察条例》规定，特种设备事故造成（　　）直接经济损失的，为较大事故。

A.1 亿元以上　　　　　　　　　　B.1000 万元以上 5000 万元以下

C.500 万元以上 1000 万元以下　　D.100 万元以上 500 万元以下

6.《特种设备安全监察条例》规定，特种设备事故造成（　　）以上直接经济损失的，属特别重大事故。

A.5000 万元　　　B.1 亿元　　　C.1000 万元　　　D.5 亿元

7.《特种设备安全监察条例》规定，特种设备事故造成（　　）直接经济损失的，为一般事故。

A.1 万元以上 1000 万元以下　　　B.2000 元以上 1000 万元以下

C.5 万元以上 1000 万元以下　　　D.1 万元以上 100 万元以下

三、判断题

1.人员被挤压在两个物体之间或人员自身相互挤压所造成的挤伤、压伤、击伤等人身伤亡的事故是挤压事故。（　　　）

2.《特种设备安全监察条例》规定，特种设备事故造成 30 人以上死亡或者 100 人以上重伤（包括急性工业中毒，下同）；或者 1 亿元以上直接经济损失的为特别重大事故。（　　　）

3.《特种设备安全监察条例》规定，特种设备事故造成 10 人以上 30 人以下死亡或者 50 人以上 100 人以下重伤；或者 1000 万元以上 5000 万元以下直接损失的为重大事故。（　　　）

4.国家标准 GB/T 10058—2009《电梯技术条件》3.3.8 条规定，各类电梯的平衡系数应在 0.4～0.5 范围内。（　　）

5.特种设备事故按照其性质、严重程度、可控性和影响范围等因素划分为一般（Ⅳ级）、较大（Ⅲ级）、重大（Ⅱ级）、特别重大（Ⅰ级）四级。（　　）

参考答案

学习任务 5.2　事故的应急救援

学习目标

1）掌握事故应急预案的编写。

2）了解应急演练和应急预案的实施。

3）养成积极思考、勤于动手的学习习惯，以及积极克服学习障碍的意志品质。

案例导入

【案例 1】

2009 年，某大厦发生一起电梯事故，造成一人死亡。事故当事人是物业管理公司聘用的保安（试用期），不是专职的电梯安全管理人员。他在值班保卫巡查中，擅自私拿电梯三角钥匙开启货梯轿门，不幸坠落身亡。

【案例 2】

2008 年，某电梯公司办事处派员工胡某到某宾馆对电梯进行例行维护，胡某在完成例行维护之后，应宾馆需要，到大堂前台加装电梯三方通话报警。当他在电梯底坑中作业时，要求宾馆电工去拿扎线，因未启动电梯检修开关或急停开关，致电梯仍处于正常运行状态，胡某被电梯轿厢底部撞击，造成颅脑损伤，当场死亡。

思考：以上案例中发生事故后应该怎样进行紧急救援？

🌴 知识准备

5.2.1 事故应急预案的编制

1. 特种设备的应急预案制定

《特种设备事故应急预案编制导则》（GB/T 33942—2017）规定了特种设备应急预案的编制程序、主要内容、格式和要求，适用于特种设备安装、修理、改造、充装、经营、使用、检测单位的特种设备应急预案编制工作。起重机械事故应急预案应遵守此导则的规定。

2. 应急预案及其内容

特种设备应急预案是为有效预防和控制可能发生的事故，最大程度减少特种设备事故发生的可能性及其可能造成的损害而预先制定的工作方案。

应急预案包括应急准备、应急响应、应急救援和应急演练。

1）应急准备。针对可能发生的事故，为迅速、科学、有序地开展应急行动而预先进行的思想准备、组织准备和物资准备。

2）应急响应。针对发生的事故，有关组织或人员采取的应急行动。

3）应急救援。在应急响应过程中，为最大限度地降低事故造成的损失或危害，为防止事故扩大而采取的紧急措施或行动。

4）应急演练。针对可能发生的事故情景，依据应急预案而模拟开展的应急活动。

3. 应急预案的编制程序

1）成立应急预案编制工作组。成立以单位负责人为领导、相关部门或人员组成的应急预案编制工作组，结合本单位各部门职能分工，明确编制任务和职责分工，制定工作计划。

2）基本情况调查。对单位基本情况进行调查，对单位特种设备基本情况进行汇总，对单位特种设备所处周边环境状况进行调查，收集与预案编制工作相关的法律法规、技术标准、应急预案、国内外同类型单位事故资料、特种设备技术资料等有关资料。

3）风险和应急能力评估。运用风险评估的方法，识别单位特种设备存在的风险因素，确定各类特种设备可能发生的事故类型和结果，进行风险分析和评价，作为应急预案编制的依据。依据风险评估的结果，对单位现有的事故预防措施、应急人员、应急设施、装备与物资等应急能力进行评估，明确应急救援的需求和不足，提出资源补充、合理利用和资源集成整合的建议方案，完善应急救援资源。

4）应急预案编制、评审。按照本单位实际情况及应急预案体系要求编制相应的特种设备事故应急预案，根据单位应急预案体系要求进行编写，并与所在地政府的相关应急预案及单位的综合应急预案衔接。应急预案编制完成后，应进行评审，评审通过后应由单位主要负责人签发实施。

5）应急预案实施与改进。应急预案印发后，应按照有关规定组织培训和演练，并适时对预案进行更新和修订，实现应急预案持续改进。

4. 应急预案的主要内容

1）总则。总则包括编制目的、编制依据、适用范围和工作原则。

2）基本情况。阐述单位的基本概况、特种设备基本情况、周边环境状况和可利用的安全、消防、救护设备设施分布情况及重要防护目标调查结果。

3）风险描述。阐述存在的特种设备风险因素与风险评估结果、可能发生事故的后果和波及范围。明确事故及事故险情信息报告程序和内容、报告方式和责任等内容。根据事故响应级别，具体描述事故接警报告和记录、应急指挥机构启动、应急指挥、资源调配、应急救援、扩大应急等应急响应程序。

4）应急组织。明确应急指挥机构组织形式，构成部门（单位）或人员及日常工作机构和专家技术组；明确应急救援指挥机构的指挥人员、相关部门或人员的相应职责及安全要求，根据事故类型和应急工作需要，可设置事故现场应急救援指挥机构和相应的指挥人员、抢险救灾、警戒保卫、后勤保障、医学救护、通信网络、事故处置、善后工作等应急救援工作小组，并明确各小组的工作任务和安全职责。

5）预防与预警。明确预防和控制特种设备事故发生的技术和管理措施，按级别明确特种设备事故预警的条件、方式和方法。

6）事故报告和信息发布。

7）明确特种设备事故发生后，单位内部报告事故信息的方法、程序、内容和时限；明确特种设备事故发生后，向所在地人民政府、负责特种设备安全监督管理的部门和负有安全生产监管职责的其他政府部门报告事故信息的方式、流程、内容和时限；明确对媒体和公众发布信息的程序和原则，统一组织信息发布和舆论引导工作。

8）应急响应与处置。按照分级负责的原则，明确不同响应级别的负责部门和人员；根据特种设备事故的级别和发展态势，明确现场应急指挥、应急措施、资源调配、应急避险、扩大应急等响应处置程序；明确事故现场检测设备、器材和现场监测人员及其安全防护措施，监控和分析事故所造成的危害程度、事故是否得到有效控制、是否有扩大危险趋势，及时提供准确信息；依据对可能发生特种设备事故场所、设施及周围情况的分析结果，确定人员疏散与撤离安置地点；依据可能发生的特种设备事故类别、危害程度级别，确定隔离和警戒措施；依据特种设备事故特点、医疗救治机构的设置和处理能力，制定具有可操作性的现场救护与医院救治处置方案；现场应急处置应明确事态控制方案、程序和措施。

9）应急结束和使用恢复。应明确应急终止的条件和程序、现场清理和设施恢复要求、后续监测、监控和评估。

10）事故调查。明确事故现场和有关证据的保护措施，按照《特种设备事故报告和调查处理导则》（TSG 03—2015）等有关规定，配合协调相关部门查找事故原因，进行事故调查处理，提出防范整改措施。

11）保障措施。保障措施包括通信与信息保障、应急队伍保障、应急物资装备保障、经费保障和其他保障。

12）应急预案管理。编制应急预案培训教育计划、应急演练方案，明确应急预案修订的基本要求、定期评审和持续改进，明确应急预案实施和生效的具体时间，明确应急预案负责制定与解释的部门。应急演练宜每年不少于一次。

13）附件。附件包括单位区位图、涉及特种设备配置的平面布置图、周边重要防护目标分布图，各类特种设备一览表，应急设施设备、物资清单及布置图，疏散线路图、安置场所位置图，应急指挥机构组织图、应急救援流程图，单位内部应急机构、人员联系表，单位外部相关机构（政府有关部门、协议救援单位、就近医疗机构）的联系方式，现场应急处置方案及操作程序（附操作流程图）（图 5-2-1），信息接收、处理、上报等规范化格式文本，有关制度、程序、方案等。

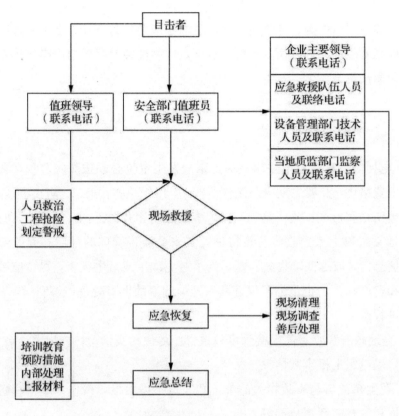

图 5-2-1　现场应急处置方案及操作流程图

5. 应急预案的编制格式和要求

1）封面。主要包括应急预案编号、应急预案版本号、单位名称、应急预案名称、编制单位名称、颁布日期、实施日期等内容。

2）批准页。应急预案应经单位主要负责人批准方可发布。批准页应包括应急预案编制人、审核人、签发人的签字及公章等相关信息。

3）目次。应急预案应设置目次，目次中所列的内容依次为批准页、章的编号和标题、带有标题的条的编号和标题、附件（用序号标明其顺序）、附加说明。

4）印刷与装订。采用 A4 版面印刷，活页装订。正文宜采用仿宋四号字，标题采用宋体三号字。

5.2.2　应急演练

《中华人民共和国特种设备安全法》强调了特种设备使用单位应当"定期进行应急演练"，因为预案只是为实战提供了一个方案，保障突出事件或事故发生时能够及时、协调、有序地开展应急救援应急处置工作，必须通过经常性的演练提高实战能力和水平。一般情况下，特种设备使用单位应当每年至少开展一次应急演练。

5.2.3 预案实施和报告

1）电梯等特种设备发生事故后，事故发生单位必须按照应急预案采取四项应急处置措施，开展先期应急工作：第一，组织抢救；第二，防止事故扩大，减少人员伤亡和财产损失；第三，保护事故现场和有关证据；第四，及时向事故发生地县级以上人民政府负责特种设备安全监督管理的部门和有关部门报告事故信息。采取这四项措施，既是为了避免次生或衍生灾害，尽可能减少人员伤亡和财产损失，也是为了保证其后开展的事故调查处理能够科学、严谨、顺利地进行。

2）当地政府和监管部门接到事故报告应尽快核实情况，按规定逐级上报，必要时可以越级上报事故情况。

3）发生事故后与事故相关的单位和人员不得迟报、谎报、瞒报和隐蔽、毁灭证据和故意破坏事故现场。

4）事故发生地人民政府接到事故报告，应当依法启动应急预案，采取应急处置措施，组织应急救援。

📈 知识梳理

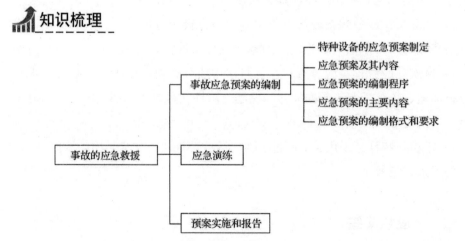

自我检测

一、填空题

1. 应急预案包括_____、_____、应急救援和应急演练。

2. 依据风险评估的结果，对单位现有的事故预防措施、_____、_____装备与物资等应急能力进行评估，明确应急救援的需求和不足，提出资源补充、合理利用和资源集成整合的建议方案，完善应急救援资源。

3. 按照本单位实际情况及应急预案体系要求编制相应的特种设备事故应急预案，应根据单位应急预案体系要求进行编写，并与_____的相关应急预案及单位的综合应急预案衔接。

4. 应急预案印发后，应按照有关规定组织_____和演练，并适时对预案进行更新和修订，实现应急预案持续改进。

5. 保障措施包括_____与_____保障、应急队伍保障、应急物资装备保障、经费保障和其他保障。

二、单选题

1. 总则包括（   ）、编制依据、适用范围和工作原则。

A.编制目的　　　　B.编制过程　　　　C.编制原则　　　　D.编制类别

2. 根据事故响应级别，具体描述事故接警报报告和记录、应急指挥机构启动、应急指挥、资源调配、（   ）、扩大应急等应急响应程序。

A.应急准备　　　　B.应急救援　　　　C.应急设备　　　　D.应急预案

3. 明确预防和控制特种设备事故发生的技术和管理措施，按（   ）明确特种设备事故预警的条件、方式和方法。

A.级别　　　　　　B.过程　　　　　　C.程度　　　　　　D.方式

4. 明确特种设备事故发生后，单位内部报告事故信息的方法、程序、内容和（   ）。

A.过程　　　　　　B.程度　　　　　　C.时限　　　　　　D.级别

5. 应急演练宜每年不少于（   ）次。

A.两次　　　　　　B.三次　　　　　　C.四次　　　　　　D.一次

三、判断题

1. 应急预案的封面主要包括应急预案编号、应急预案版本号、单位名称、应急预案名称、编制单位名称、颁布日期、实施日期等内容。（   ）

2.一般情况下，特种设备使用单位应当每年至少开展两次应急演练。
（　　　）

3.发生事故后与事故相关的单位和人员不得迟报、谎报、瞒报和隐蔽、毁灭证据和故意破坏事故现场。（　　　）

4.应急预案采用 A4 版面印刷，活页装订。正文宜采用仿宋四号字，标题采用宋体四号字。（　　　）

5.运用风险评估的方法，识别单位特种设备存在的风险因素确定各类特种设备可能发生的事故类型和结果，进行风险分析和评价，作为应急预案编制的依据。（　　　）

参考答案

学习任务 5.3　事故的报告、调查与处理

学习目标

1）明确事故的调查部门与内容。

2）学会处理事故并能书写事故报告。

3）对学生进行职业意识培养和职业道德教育，使其养成严谨、敬业的工作作风。

案例导入

【案例 1】

某大楼电梯由四名维修工承担保养任务。在保养时，两名维修工在井道轿厢顶作业，另外两名维修工在机房作业。在机房保养曳引机时，其中一名维修工不慎失手将扳手掉在钢丝绳孔内，扳手顺着钢丝绳下滑，然后落到正在轿厢顶作业的维修工的头和肩上。由于扳手的钳口向下，首先伤到头部，造成头部严重划伤出血。然后又落到肩上，扳手穿透了劳动布工作服后，又穿透了绒衣、汗衫，将肩部戳破，造成人大量出血，险些酿成死亡事故。

案例 1

【案例2】

一台九层九站交流调速客梯，每层层门都装有层门紧急开锁装置。一天，本单位兼管电梯的电工赵某拿着三角钥匙在 8 层打开层门，一脚踏了进去。谁知轿厢并不在该层，赵某一脚踏空，从 8 层跌入井道后摔在停在 1 层的轿厢顶，又从轿顶跌到底坑，头部受损，当场死亡。

案例 2

思考：

1）为什么会发生以上事故？

2）事故发生时有关单位应如何做？

知识准备

5.3.1 事故的调查

1. 调查部门

1）电梯等特种设备发生特别重大事故，由国务院或者国务院授权有关部门组织事故调查组进行调查。

2）电梯等特种设备发生重大事故，由国务院负责特种设备安全监督管理的部门会同有关部门组织事故调查组进行调查。

3）电梯等特种设备发生较大事故，由省、自治区、直辖市人民政府负责特种设备安全监督管理的部门会同有关部门组织事故调查组进行调查。

4）电梯等特种设备发生一般事故，由设区的市级人民政府负责特种设备安全监督管理的部门会同有关部门组织事故调查组进行调查。

事故调查组应当依法、独立、公正开展调查，提出事故调查报告。

2. 调查内容

1）调查事故发生前设备的状况。

2）查明人员伤亡、设备损坏、现场破坏以及经济损失情况（包括直接和间接经济损失）。

3）分析事故原因（必要时应当进行技术鉴定）。

4）查明事故的性质和相关人员的责任（当事人应当承担的责任分为全部责任、主要责任、同等责任、次要责任）。

5）提出对事故有关责任人员的处理建议。

6）提出防止类似事故重复发生的措施。

7）写出事故调查报告书。

5.3.2　事故的处理

组织事故调查的部门应当将事故调查报告报本级人民政府，并报上一级人民政府负责特种设备安全监督管理的部门备案。有关部门和单位应当依照法律、行政法规的规定，追究事故责任单位和责任人员。

事故责任单位应当依法落实整改措施，预防同类事故发生。事故造成损害的，事故责任单位应当依法承担赔偿责任。

1. 安全事故处理的原则（四不放过的原则）

1）事故原因不清楚不放过。

2）事故责任者和员工没有受到教育不放过。

3）事故责任者没有处理不放过。

4）没有指定防范措施不放过。

2. 安全事故处理程序

1）报告安全事故。

2）处理安全事故，包括抢救伤员、排除险情、防止事故蔓延扩大、做好标识、保护好现场等。

3）安全事故调查。

4）对事故责任者进行处理。

5）编写调查报告并上报。

3. 伤亡事故处理规定

1）事故调查组提出事故处理意见和防范措施建议，由发生事故的企业及其主管部门负责处理。

2）因忽视安全生产、违章指挥、违章作业、玩忽职守或者发现事故隐患、危害情况而不采取有效措施以致造成伤亡事故的，由企业主管部门或者企业按照国家有关规定，对企业负责人和直接责任人员给予行政处分；构成犯罪的，由司法机关依法追究刑事责任。

3）在伤亡事故发生后隐瞒不报、谎报、故意迟延不报、故意破坏事故现场，或者以不正当理由，拒绝接受调查以及拒绝提供有关情况和资料的，由有关部门按照国家有关规定，对有关单位负责人和直接责任人员给予行政处分；

构成犯罪的，由司法机关依法追究刑事责任。

4）伤亡事故处理工作应当在 90 日内结案，特殊情况不得超 180 日，伤亡事故处理结案后，应当公开宣布处理结果。

5.3.3 事故的报告

1. 事故报告程序

1）发生特别重大事故、特大事故、重大事故后，事故单位或者业主必须立即报告主管部门和当地质量技术监督行政部门（特种设备安全监察科）。

2）当地质量技术监督行政部门在接到事故报告后，立即逐级上报，直至原国家质量监督检验检疫总局。

3）发生一般事故后，事故单位或者业主应当立即向设备所在地注册登记的质量技术监督行政部门报告。

2. 事故发生后报告流程

1）电梯发生事故后，发现人员或被困人员应在第一时间按下电梯内部的紧急呼叫按钮或拨打应急电话，与值班室或监控室取得联系，等待救援。

2）紧急呼叫无效，应立即拨打物业或电梯管理部门或维保单位电话，汇报情况，等待救援。

3）以上方式无效，则拨打 96333、110、119 等公共救援电话，汇报清楚，等待救援。

3. 事故报告内容

1）事故发生单位概况。

2）事故发生的时间、地点以及事故现场情况。

3）事故简要经过。

4）事故已经造成或者可能造成的伤亡人数（包括下落不明的人数）和初步估计的直接经济损失。

5）已经采取的措施。

6）其他应当报告的情况。

知识梳理

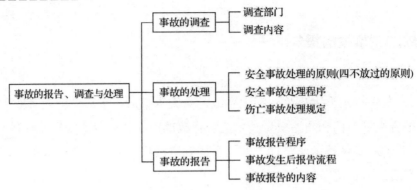

自我检测

一、填空题

1. 《特种设备安全监察条例》规定，_____负责全国特种设备的安全监察工作。

2. 事故调查时应查明事故的性质和相关人员的责任，其中当事人应当承担的责任分为_____、_____、_____、_____。

3. 安全事故处理的原则包括_____。

（1）事故原因不清楚不放过

（2）事故责任者和员工没有受到教育不放过

（3）事故责任者没有处理不放过

（4）没有指定防范措施不放过

4. 发生_____、_____、_____后，事故单位或者业主必须立即报告主管部门和当地质量技术监督行政部门（特种设备安全监察科）。

5. 事故报告的内容应该包括_____。

（1）事故发生单位概况　　　（2）事故现场情况

（3）事故的简要经过　　　　（4）已经采取的措施

二、单选题

1. 《特种设备安全监察条例》规定，事故调查报告应当由负责组织事故调查的（　　）的所在地人民政府批复，并报上一级特种设备安全监督管理部门备案。

    A.安全监督管理部门   B.特种设备安全监督管理部门

    C.公安消防部门   D.行政执法部门

    2.《特种设备安全监察条例》规定，（　　　）由国务院特种设备安全监督管理部门会同有关部门组织事故调查组进行调查。

    A.一般事故   B.特别重大事故   C.重大事故   D.较大事故

    3.《特种设备安全监察条例》规定，（　　　）由国务院或者国务院授权有关部门组织事故调查组进行调查。

    A.重大事故   B.特别重大事故   C.一般事故   D.较大事故

    4.《特种设备安全监察条例》规定，有关机关应当按照批复，依照法律、行政法规规定的权限和程序，对事故责任单位和有关人员进行（　　　），对负有事故责任的国家工作人员进行处分。

    A.经济处罚   B.法律处罚   C.行政处罚   D.纪律处分

    5.《特种设备安全监察条例》规定，特种设备事故发生后，（　　　）应当立即启动事故应急预案，组织抢救，防止事故扩大，减少人员伤亡和财产损失。

    A.事故发生单位   B.地方政府

    C.特种设备安全监督管理部门   D.特种设备使用单位

三、判断题

    1.电梯等特种设备发生一般事故，由设区的市级人民政府负责特种设备安全监督管理的部门会同有关部门组织事故调查组进行调查。（　　　）

    2.在处理安全事故中，需要抢救伤员、排除险情、防止事故蔓延扩大、做好标识、保护好现场等。（　　　）

    3.伤亡事故处理工作应当在 60 日内结案，特殊情况不得超 180 日，伤亡事故处理结案后，应当公开宣布处理结果。（　　　）

    4.当地质量技术监督行政部门在接到事故报告后，立即逐级上报，直至原国家质量监督检验检疫总局。（　　　）

参考答案

    5.事故报告的内容包括事故已经造成或者可能造成的伤亡人数（不包括下落不明的人数）。（　　　）

附录

参考文献

[1] 中华人民共和国国家质量监督检验检疫总局. 电梯操作装置、信号及附件（GB/T 30560—2014）[S]. 北京：中国标准出版社，2014.

[2] 中华人民共和国国家质量监督检验检疫总局. 电梯、自动扶梯和自动人行道乘用图形标志及其使用导则（GB/T 31200—2014）[S]. 北京：中国标准出版社，2014.

[3] 中华人民共和国特种设备安全法[Z].

[4] 特种设备安全监察条例[Z].

[5] 特种设备事故报告和调查处理规定[Z].

[6] 特种设备作业人员监督管理办法[Z].

[7] 特种设备现场安全监督检查规则[Z].

[8] 陈炳炎，吕小燕. 电梯工程项目管理与技术安全[M]. 北京：化学工业出版社，2016.

[9] 卢保中. 电梯安全管理与使用[M]. 北京：中国劳动社会保障出版社，2021.

[10] 周瑞军，张梅. 电梯技术与管理[M]. 北京：机械工业出版社，2015.